U0178697

JIANGNAN
XUNWEI JI

江南寻味记

宋乐明——著

民以食为天，菜以味为首
鱼米之乡，江南的味道
菜场里的烟火气，老饕们的念想

浙江工商大学出版社
ZHEJIANG GONGSHANG UNIVERSITY PRESS | 杭州

图书在版编目（CIP）数据

江南寻味记 / 宋乐明著. — 杭州：浙江工商大学
出版社，2023.10（2024.6重印）

ISBN 978-7-5178-5695-5

Ⅰ.①江… Ⅱ.①宋… Ⅲ.①饮食—文化—华东地区
Ⅳ.①TS971.202.5

中国国家版本馆CIP数据核字（2023）第170739号

江南寻味记
JIANGNAN XUNWEI JI

宋乐明　著

责任编辑	张晶晶
责任校对	沈黎鹏
封面设计	尚俊文化
责任印制	包建辉
出版发行	浙江工商大学出版社
	（杭州市教工路198号　邮政编码310012）
	（E-mail：zjgsupress@163.com）
	（网址：http://www.zjgsupress.com）
	电话：0571 - 88904980，88831806（传真）
排　　版	尚俊文化
印　　刷	浙江全能工艺美术印刷有限公司
开　　本	889 mm×1194 mm　1/32
印　　张	6.875
字　　数	143 千
版 印 次	2023 年 10 月第 1 版　2024 年 6 月第 2 次印刷
书　　号	ISBN 978-7-5178-5695-5
定　　价	60.00 元

版权所有　　侵权必究

如发现印装质量问题，影响阅读，请和营销与发行中心联系调换

联系电话　0571 - 88904970

序
人间有味是清欢

　　乐明兄在《相见一枝草》的新书分享会后对我说："下一本书请你写个序。"我以为他是说着玩的，便不假思索地答应了。心想，乐明兄也是个玩心较重的人，哪有时间再写书？想不到的是，不到半年，他就对我说，他接下来要写一本关于海盐美食的书，令我惊讶的是，当时他的写作大纲已经完成。心中已有食谱，并说要给新书取名为"咸酸"。我一听，感觉书名取得接地气，"咸酸"两字是海盐对菜肴的总称，是最土气的叫法，有大俗大雅的趣味。我想，吴方言区不只海盐有这样的叫法，但有个小问题让我困惑，海盐为什么这么叫？感觉"咸酸"的涵盖面很广，似乎包罗了餐桌上除主食和点心以外的所有食物。乐明兄现在将书名改为《江南寻味记》，但我仍喜欢"咸酸"两字，似乎这样更能体现海盐人对美食的理解，有点大道至简

的味道。

　　一说美食就马上想到乡愁。乡愁体现在饮食上就是对家乡味道的思念，一个人无论在外闯荡多少年，即使乡音改了，但对故乡的食物，仍怀无限忆念。对食物的感情多半是留恋儿时的味道，而儿时的味道又绝大多数是妈妈给予的，所以，儿时妈妈给予的味道可能最能解释"咸酸"的含义。《江南寻味记》开篇是《鱼米之乡》，讲述了海盐这块白居易诗歌里的江南水乡的物产丰饶，有充足的粮食，有令人艳羡的山珍海味和河鲜。在第二篇《海盐的味道》中，乐明兄这样描述："食物的味道有酸、甘、苦、辛、咸五种，但在海盐只用'咸酸'两字来表达，这既是地方的用语习惯，也是海盐菜肴风格的反映。"我觉得这可能是特殊年代催生的一个词。我和乐明都出生于20世纪60年代中期，那个年代的调味品除了油盐，其余似乎都可以忽略。海盐历史上产盐，盐价格相对低廉，所以海盐的饮食向来偏咸。海盐的"咸酸"中的"酸"并不来自醋或食物本身，而是来自各类腌菜在腌制过程中所产生的酸味。所以归根结底，海盐味道在那个年代只是最原始的盐的味道，这在《腌菜盛行》一文中有详细的描述。我略微查了一下资料，用"咸酸"两味泛指菜肴的区域其实并不多，别的区域即使有"咸酸"一词，其表达的含义与海盐也不尽相同。这是我们那个年代的叫法，现在海盐的"80后""90后"都不太用了。乐明兄把书名改为《江南寻味记》，寻找的既是留在舌尖上的记忆，也是溶化在时空中的味道。

　　我们的童年时代，对饥饿的恐惧远大于对美食的追求。

"饿则思变",为了充饥,人们将原本不吃的及难以烹饪的食物进一步加工,有的意外变成了美食。为了救饥,明永乐四年(1406)朱橚专门写了一本《救荒本草》,其中记载了四百一十四种以救荒为主、可以食用的植物,其中的荠菜,被陆游所赞,"惟荠天所赐",这分明是一道美食。

温饱问题解决以后,品尝美食已是家常便饭,但也出现了暴殄天物的现象,这让人十分痛心。一次,有人带着宠物狗来吃饭,因为人员不多,座位较为宽裕,狗主人让服务员为狗也放了椅子,于是人与狗围坐一桌共餐。狗主人不停地为她的"囡囡"挑最喜欢的菜,让人与狗共进晚餐。我再也坐不住了,找个借口赶紧开溜。

还有一次,东道主点了太多的菜,饭毕留下很多剩菜,有的甚至没有被动过,我正在犹豫是不是要请服务员打包时,一位同行者叫服务员拿个打包盒子,我立马附和并对服务员说拿五个打包盒。我已做过估算,五个菜是完全应该打包带回去的,倒不是自己要全部带回去,寻思着只带一个回去就够了,至于是哪个其实不重要,别人挑选后剩下什么我就带什么。服务员很快送来盒子,同行者左手接过盒子,右手倒拿筷子,快速转动桌子转盘,将白切鸡转到自己的面前,这就是其中一盘几乎没有人下箸的菜。他将白切鸡拨拉了几下,开始夹鸡翅,我正想伸手拿打包盒时,他却说:"拿这么多盒子干吗,我家小狗只爱吃鸡翅。"当我还在迟疑之时,他又说:"两块就够了。"说着已放下筷子,盖上盖子,随手递给了同来的下属。此时我不知如何言说,内心却充满矛盾,好在大家已陆续散去,但我

仍经常为曾参与"暴殄天物"而自责。

民以食为天，食色，性也。食者，民之本也；民者，国之本也；国者，君之本也。从一个角度来考量，中国的历史就是一部农耕史，就是一部关于食物的历史。海盐素有鱼米之乡、丝绸之府的美称，说的其实就是吃穿两事。农耕文明强调"丰衣足食"，衣服有得穿、肚子填得饱，准保天下太平。朝代鼎盛时莺歌燕舞，之后往往又由于人为的、自然的因素，出现饿殍遍野的情景。"饿死不如犯法"，于是揭竿而起，随即改朝换代。新朝伊始，因战争人口锐减，人均土地激增，食物供应充足，就出现了"文景之治""贞观之治""康乾盛世"等，说穿了就是人少地多，粮食充足了，天下太平！所谓美食，是小说《美食家》里的主人公朱自冶这样的人整天寻思着的好吃的，也是大厨们专门探索怎样才能抓住食客的胃，从而不断烹饪出来的佳肴；而大部分则是寻常百姓在寻求如何填饱肚子的苦难历程中逐渐演化而成的，是市井商贩在追逐蝇头小利的精打细算中偶然形成的，是百姓为了保存多余的食物穷尽办法加工而成的。

海盐处于东亚文明的中心区域，拥有典型的、精致的农业文明。有"垄上歉年耕"的凶年，也有"丰年留客足鸡豚"的好光景，一切的美食正是这种文明发展及年景交错的必然结果。与自然环境恶劣的地方"用尽可能少的菜下尽可能多的饭"不同，海盐的食物以清淡为主要特色，体现"人间有味是清欢"的追求，也应了《舌尖上的中国》那句"高端的食材往往只需要采用最朴素的烹饪方式"。海盐在太平天国时期，人口折损十之七八，因而近代起这个区域成为一个"移民社会"，尤其北片，移民数量大于原住居民，那儿就成了五方杂处之地，烹饪方法也就各不相同，自然也就形成不同的美食。但追寻其本源，无非"烟火"二字。

乐明兄援藏五年，生性豪爽，大块吃肉，大碗喝酒，原以为他一旦动笔，作品定会像张承志的《北方的河》那样粗犷。但他终究还是在江南出生的人，用细腻的笔写水乡的草木食物，可谓"到得还来别无事，庐山烟雨浙江潮"。当他卸去行政工作后，开始动笔追寻儿时的梦想，写的还是脚下的土地、身边的人物故事，赞美的也只是常人喜爱的美食。《江南寻味记》让我认识了细腻的乐明、海盐的美食。

林周良

2023年5月15日

在人的生命中，有两件事永恒不变：一是吃，二是呼吸。

吃有两层含义：一是吃饱，二是吃好。吃饱很好理解，不管吃什么食物，只要吃到肚子胀了，肯定是饱了。吃好相对复杂，吃的东西既要有营养又要好吃。营养问题是专家需要研究的事，是否好吃每个人都有发言权。所谓好吃，是人们对味道的主观感受，也就是味道对口，符合饮食习惯。比如榴梿，喜欢的人认为好吃，不喜欢的人认为很臭，每个人对食物的喜好不一样，评价也不一样。美食，即美味的食物，贵的有山珍海味，便宜的有街边小吃，凡是自己喜欢的，就是心目中的美食。听到美食，许多人就会产生反应，唾液分泌增加，心里产生期待，渴望一尝为快。对吃过的美食，往往留下深刻的记忆，盼望有机会再次品尝，或者亲自动手学做一下。

美食不分贵贱，在大餐馆中有美食，在弄堂深处的小吃店中有美食，在每个家庭中也有美食。无论是在日常生活中，还是在人生经历中，尝过的美食无以计数。出于好奇，有时去请教厨师，他们却总是语焉不详；有时去求教书本，总是只见科学道理；有时与烧饭做菜的寻常人家交谈，却听到真知灼见。由此，我深深感受到，美食的源头在民间，于是决定以"美食在民间"为主题写作本书，希望找出美食在民间的内在逻辑。

做美食首先要有好的食材，而食材大多产于民间。农村一年四季种植时鲜蔬菜，养殖牲畜和家禽，虽然生产方式原始，但生产的是最优质的食材。在江湖山川中有野生的河鲜和山珍，渔民和山民能收获天然的食材。这种天然的食材，即便在农家的土灶上用最简单的方式烹饪，也能得到鲜美的味道。就如海盐吴家埭的毛笋，村民告诉我只要在水里焯一下，蘸酱油或者其他调料，就是最美的味道。许多小餐馆就地取材，将一个地方的食材做成大众美食，价廉物美，深受食客喜爱。在海盐的乡村中就隐藏着这样的特色餐馆，许多人慕名而往，有的甚至远道而来。虽然厨房设施简陋，烹饪方法简单，但其采用本地时鲜食材，调味保持食材个性，食物具有地域特点，经受住了各种考验而经久不衰。海盐农村有腌制咸菜的习惯，有的只为家庭自用，有的专门供应市场，虽然市场不缺新鲜食材，但许多人仍然钟爱咸菜的味道。咸菜与其他食材搭配，无论是蒸炒还是烧煮，不经意间却能获得意想不到的鲜味，食用过的人常常欲罢不能。

家常菜是最民间的菜肴，有的只在家庭中传承，外人很

少有机会品尝到。过去的手艺人有机会吃到各家各户的饭菜，俗称"吃百家饭"。家常菜通常简单且没有好的菜形，但也不乏如东坡肉、红烧肉、红烧鱼、醋烧鱼、黄鳝汤这样的民间佳肴。农村办喜事常常在家中设宴摆酒，家主提前养肥了猪、羊和家禽，请村里比较会烧菜的人掌勺，同样烧出众多美食。或许过去人们对美食的要求并不高，难得吃一次酒宴总能尝到美食，或许是因为东家精心准备了优质的食材，不需要刻意烹饪就能获得美味。

　　一方水土养一方人。不同地域的人具有不同的性格，不同的物产造就了不同的饮食习惯。作为江南一地的海盐，境内河网密布，平原与丘陵兼具，丰富的物产为美食的发展创造了条件，无论是普通家庭，还是乡村小吃店，都有民间美食的散落。将一个地方的饮食习惯记录下来，就有了饮食文化。

宋乐明

2022年5月15日

目　录
CONTENTS

江南寻味记

JIANGNAN XUNWEI JI

鱼米之乡

"日出江花红胜火，春来江水绿如蓝"，水港小桥多，人家尽枕河。江南是最具诗情画意的地域，江南是物产最丰饶的地方，江南是水乡，江南是鱼米之乡。

广义上的江南指长江之南，一般多指长江中下游南岸区域。狭义的江南仅指上海、苏南、浙江、皖南等长江以南地区。江南是一个人杰地灵、山清水秀的地方，因物产丰富，被称作"鱼米之乡""丝绸之府"。

江南多丘陵和平原，四季分明，土地肥沃，其中杭嘉湖平原是著名的粮仓。居于浙西的海盐，以平原为主，只靠近钱塘江北岸的地方有少量的低山，据《海盐县图经》记载，历史上海盐的物产十分丰富：

"禾之品曰早粳、中晚粳、晚粳、早糯、晚糯；麦之品曰

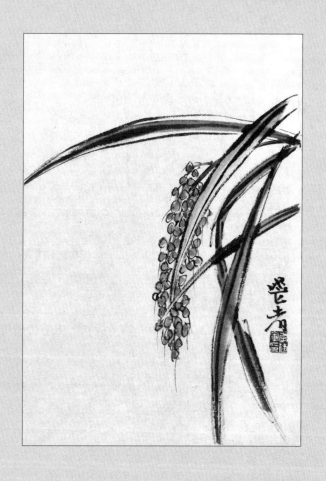

大麦、小麦、荞麦；菽之品曰黄豆、赤豆、豇豆、蚕豆、白扁豆；菜之品曰菘、芥、葱、韭、蒜、白菜、青菜、苋菜、荠菜、芹菜、菠菜、萝卜、茄子；果之品曰李、杏、梅、桃、枣、枇杷、樱桃、橙、葡萄、莲房、菱；蓏之品曰甜瓜、西瓜、菜瓜、丝瓜、葫芦、地蒲。"

　　因得天独厚的自然条件，粮油来源以种植水稻、大麦、小麦和油菜为主，兼种杂粮。海盐人历来以大米为主粮，历史上种植双季稻，籼米和粳米都食用，籼米较硬，口感差，粳米比较软糯，现在只种单季稻，以粳米为主。糯米不是日常的主粮，主要用来制作点心类食品和酿酒，如用来裹粽子，磨成粉做团子、打年糕等。蔬菜一年四季均可种植，品种丰富多样，春季种植的有番茄、青椒、茄子、豆角、黄瓜、葫芦、南瓜、冬瓜等，秋季种植的有青菜、萝卜、芥菜、大头菜、雪里蕻、榨菜、大白菜、芹菜等，冬季种植的有土豆、蚕豆、豌豆、菠菜等。池塘和水田中还可以种植莲藕、菱、茭白、慈姑、芋头等。大头菜、芥菜、雪里蕻、榨菜通常在腌制后食用，由此获得意外的鲜味，而腌菜的品种还有更多。各种蔬菜生长在不同的季节，既是自然的造化，也是人类选育的结果。丰富多样的食材，既满足了人类的饮食需求，也丰富了饮食文化。在不同的季节食用不同的蔬菜，既符合蔬菜生长的规律，也是人在适应自然变化的规律，其实就是古人所讲的"天人合一"。

　　在山上和野外有山珍地鲜。山上有大片的毛竹林和野竹林，春天有春笋、毛笋和野笋，秋天有鞭笋，冬天有冬笋。毛笋可以烧肉或者煮熟后蘸酱油吃，春笋可以与各种荤素食材搭配，

野笋更是一绝,虽然细小,其味更鲜。在野外有多种野菜,冬、春是荠菜的生长季节,不管是田间还是地头,到处都有。春暖花开时,折耳根和马兰头开始登场。稍迟一点,枸杞也长出新芽。初夏时,马齿苋铺地而长,水芹在沟渠边簇拥生长。梅雨季节,还能找到地衣。还有灰灰菜、野苋菜、槐花、桑树花、构树花等,只要处理得当,都是妙味无穷。

种植业的高度发达,为养殖业的发展提供了有利条件。江南历来有养猪、养羊、养禽的习惯,其中太湖黑猪和湖羊是当地的优良品种,太湖黑猪常用作母系种猪,经杂交后繁育的后代,生猪肉肥瘦兼具,其品质优于三元系猪肉,是做菜的优质食材。从头到脚,由里及外,不同部位的猪肉,可以做出不同的菜肴,最传统的有红烧肉、红烧蹄髈、红烧猪脚、炒肉丝等,猪的内脏、猪头、舌头都可以做成不同风味的佳肴。冬天是吃羊肉的季节,羊肉不仅味美,而且养生。

江南的核心区是"水乡江南",除了长江和钱塘江两大水系外,河流纵横交错,湖泊星罗棋布,这为鱼类的生存和养殖提供了天然的空间。传统养殖的家鱼有青鱼、草鱼、鲢鱼、鳙鱼等,此外还养殖鳊鱼、鲫鱼、鲤鱼、河蟹、甲鱼、河鳗等。丰富的水产资源,为江南人提供了多样的食材。老饕们更喜欢寻找野生的河鲜,在自然水域有鲫鱼、白条、黑鱼、鲶鱼、昂刺鱼、河鳗、黄鳝、河虾、螺蛳、河蚌等,虽然捕捉难度较高,但味道更鲜美。海盐地处钱塘江出海口,得益于独特的地理条件,还有海鲜出产,鲻鱼、鲈鱼、鳎鱼、梅鱼、海白虾、青蟹都是当地的特产。海盐有"春鲻夏鲈秋捏鳎"的说法,说的是不同的海鲜在相应的季节食用味道更好。丰富的水产资源，不仅体现了江南水乡的饮食特色，也提供了丰富多样的食材。野生的河鲜或海鲜，加上适当的烹饪方法，最能体现江南佳肴的味道。

海盐的味道

海盐人把菜肴称作"咸酸"。"咸酸"从字面理解是咸和酸两种味道。咸出于盐,酸出于醋或食材本身。

食物的味道有酸、甘、苦、辛、咸五种,但在海盐只用"咸酸"两字来表达,这既是地方的用语习惯,也是海盐菜肴风格的反映。盐是由钠离子和氯离子所组成的化合物。这里所说的盐是指食盐,主要成分是氯化钠。食盐既是调节人体电解质的重要元素,也是最重要的调味品。

古海盐县是中国古代最大的海水盐场之一,历史上这里"海滨广斥、盐田相望",于是就有了海盐这一县名。早在秦汉时期,海盐县的盐业已相当发达,两千多年来一直是东南沿海的产盐中心之一。盐场的生产单位分场、团、灶三级。"团"是盐场的主要产盐单位,相当于今天的工厂生产车间,每团占地十几或几十亩，面积不等。海滩上经暴晒浓缩的海水形成盐卤，盐卤以车船分装，经水路、陆路被运送到各团。上灶烧煮，即"煮海熬波"。因为利厚，当时海盐走私猖獗，所以盐场在各团垒筑土墙，派官兵把守，盐工们不得轻易逾墙而出，既防堵了外盗，也严控了内贼，一举两得。每团均有大尺度的铁锅，锅壁厚达6.7—10厘米，口径大小不一，大的有20多米，小的只有几米。灶头一旦点火，必须日夜不息，连续熬煮。熬煮一锅盐称为一盘，昼夜不歇，24小时可煮6盘。大锅出盐，大盘约300千克，小盘100—150千克不等。"灶"是团下面的"灶座"，它们没有大盘，只有小盘，产量低，分散在一条条灶港边上。定量派给他们盐卤，他们定量上交所煮之盐，严防私盐贩卖。因为产盐的历史，海盐许多地名与盐业生产有关，如五团、八团、北团、汤家团、场前等。

古海盐产盐主要有鲍郎、海砂、芦沥3个盐场。以澉浦为中心，包括六里堰和长川坝以南一带为鲍郎场；长川坝起至平湖市乍浦镇之西南为海砂场；乍浦以北为芦沥场。

古代澉浦是一个地理位置独特的地方，东临大海，还有大片的滩涂，有一个鲍姓的人在这里凿浦煮盐，在北宋大观二年（1108）前，官府在此设鲍朗盐场。开始时管理盐场的盐官由澉浦镇的镇官兼任，后来盐场发展很快，越来越大，过了100多年，到了南宋嘉定十四年（1221），宋朝廷派了专门的盐官监督鲍朗盐场。到了元代，还设置了盐司令、盐司丞管理鲍朗盐场，这个管理机构隶属于两浙都转运盐使司。到了明洪武初年，设置了盐课大使和嘉兴转运分司，隶属两浙都转运盐使

司，后来场署也迁到了澉浦水关外盐仓桥侧。清康熙四十三年
（1704）时，清廷将嘉兴转运分司改名为嘉松分司，鲍朗盐场
隶属于嘉松分司，总属于盐运司。康熙四十九年（1710），盐
运司改为盐驿道。雍正年间，撤销省一级的盐政管理机构，由
巡抚兼理盐政。乾隆五十八年（1793），清廷又恢复设置盐政
机构。嘉庆年间，又以巡抚兼理盐事政务。道光年间，管理盐
业的府廨被废弃，只能租赁民房使用。光绪十二年（1886）设
立嘉湖公廒。到了民国初年，场署设在澉浦的城塘湾弄，民国
八年（1919）时，民国政府设鲍郎秤局，民国十六年（1927）
又将其裁撤。民国十七年（1928）又在澉浦城复设秤放局，在
长川坝设分局。民国二十二年（1933）鲍朗盐场官署被裁撤，
场务由秤放局兼理。民国二十四年（1935），增设西海分局。
民国二十六年（1937）冬，日军入侵海盐，秤放局被迫撤离澉
浦。民国三十四年（1945），在嘉兴设浙西分局，在鲍朗盐场
开设场务所。民国三十六年（1947），又改为办事处，地点设
在澉浦西大街。

　　1951年，鲍朗盐场废弃，海盐结束了晒卤煮盐的历史。

盐是百味之王

　　咸味是食盐在食物中所表现出来的味感，盐的主要成分是
氯化钠，从化学角度讲，盐离解后形成阴阳离子，咸味由阳离
子产生。咸味的特点是形成快、延续短、消失快、刺激性小，
同时，咸味物质的阈值低，是一种灵敏性高的味感。

食盐也是人体的必须物质，对调节人体内的酸碱平衡、水平衡、维持体液的渗透压，保持神经肌肉的正常兴奋性及细胞的通透性等，具有十分重要的作用。

食盐在烹饪中的作用主要有3个方面：

一是调味作用。在烹饪中主要起到调味或加强风味的作用，其他味道的呈现离不开盐的作用，不管是鲜味，还是酸甜味，都需要盐的调和。

二是改善原料质感。食盐具有高渗透的作用，能够渗透到肉类食物的内部，增加组织细胞内蛋白的持水性，调节原料的质感，增加其嫩度。

三是影响胶体的性质。在制作泥、蓉，或制馅、和面时加入适量食盐，能吸水上劲，使泥、蓉和馅等的黏着力提高。

在烹饪时放多少盐、什么时候放盐是一门艺术。根据测定，人可以感觉到食盐咸味的最低浓度是0.1%—0.15%，感到最舒服的浓度是0.8%—1.2%。在饮食时，由于时间的变化及盐在身体内的积累，人对咸味的感觉也会发生变化。著名作家陆文夫在《美食家》中写了一个情节：美食家朱自冶在讲课时，讲了一个最简单而又最复杂的问题——放盐。他说：做鲃肺汤时如忘记了放盐，那就是淡而无味。鲃肺汤的食材主要是鲃鱼、火腿片、春笋和莼菜，鲃鱼是形似河豚的一种鱼。曾经吃过养殖的河豚，但其与鲃肺汤的做法不同。盐一放，鲃鱼鲜，火腿香，笋片脆，莼菜滑，味道全出来了。但作为宴席的最后的一道汤不能放盐，这里还有个故事：有一名厨师在做菜时失手，在做最后一道汤时忘了放盐，等到发现时急忙拿着盐奔进

店堂时，客人已经把汤喝光，且一致称赞：在所有的菜中，汤是第一！

酱油飘香

与盐相关的另一种调味品是酱油，酱油的调味特点就是咸和鲜，所以在制造酱油时必须要用到盐。在海盐的历史上，制造酱油是一个十分重要的产业，并著称于邻近诸县市，在旧上海的商界中亦占一席之地。正因为海盐是一个重要的食盐产区，为酱油业的发展提供了有利条件。中国历史上很早就实行"盐铁官营"制度，据《管子》记载，管仲在齐国推行盐铁专卖政策，到了汉武帝时期，全国范围内实行食盐官营政策，就是为了增加朝廷的财政收入。

食盐并不是一种稀缺的物资，但人类生活离不开食盐。盐官营的办法是：民制、官收、官运、官销。募民自备生产费用煮盐，政府提供主要的生产工具牢盆（煮盐用的大铁锅）以间接控制其生产，产品由官府收购。政府控制了食盐的经营，就可以在食盐的销售中赋税，食盐是每个人都要吃的，相当于每个人都交了税。当时在海盐生产的盐因用途不同，税率也不同，制造酱油属于工业生产。工业用盐的税率相对较低，这让一些人发现制造酱油是一件有利可图的事。因此，在海盐能够形成一个酱园产业也就顺理成章了。

据《海盐县志》记载，"清雍正年间（1723—1735），海盐望族徐氏在县城外曲尺弄内开设徐鼎和酱园，生产酱油、酱菜"，开海盐酱园业之先河，此后一二百年，海盐酱园业蓬勃发展，并走出海盐，"徐、何、冯、张、陈等族，在上海开设徐松盛、松盛丰、洋泾松盛、万祥、万通、万升、万顺、万隆、宝大、陈松盛、益大、松春等十多家酱园，蔚成海盐帮"。在上海滩酱园市场，海盐帮与上海本帮、宁波帮三足鼎立，影响颇巨。

海盐的酱园业首推徐氏，徐氏酱园业起始早、资金足、摊子大、设点多、辐射广，近在县城，远及上海、天津。徐氏是海盐世家大族，分支颇多，支中分房，人丁兴旺。在海盐有小墅里徐、丰山徐和盐邑曲尺弄徐、尚书厅徐（晚清时兵部尚书徐用仪）等，其中有务农，有经商，为官者也不乏其人。

徐氏经商范围主要是酿造业。清雍正年间（1723—1735）徐氏在县城曲尺弄开设徐鼎和酱园。咸丰十一年（1861）二月，太平军攻占县城后，屡遭清兵围攻，战乱频仍，徐鼎和酱园损失惨重，竟达到无法复业的地步。到晚清时，徐鼎和酱园园主连底盘给同族另支，在县城北门外大街南侧开设北万丰酱园。后来随着经营范围不断扩大，因原址逼仄，就向北移，扩大业务，增设作坊。其所产乳腐远销北京等地，生意颇为兴隆。继而又在西门外天宁寺东首开设西万丰酱园，后来在南塘街北段又开设南万丰酱园。

在"三万丰"的基础上，酱园生意逐渐向外地发展。先在平湖城关镇开设鼎丰酱园，此园在酿造业中生产门类齐全，品种繁多。不久又在平湖城关镇东西两门市分设东鼎丰、西鼎丰两分园，原鼎丰酱园称为"老鼎丰"。从此海盐"三万丰"与平湖"三鼎丰"遥相呼应。徐氏酱园业声势日增，成为酱园业

一方之霸主。后来又分别在平湖的乍浦镇、嘉兴的新篁镇相继开设万昌和万同两酱园。

随着业务的不断发展，积聚了充裕的资金后，徐氏酱园开始进入上海，在新闸路开设了徐松盛酱园，同时分设东号、西号、北号和闸北分号，形成了"一园四店"之格局。后来又分别在上海八仙桥和浦东洋泾镇开设了松盛丰和洋泾松盛两园。1933年，徐用福（清光绪年间兵部尚书徐用仪胞弟）之孙徐蔚如独资在天津开设鼎兴酱园。

徐鼎和十六世时，生二子，长子管徐鼎和酱园，次子分支开设徐南记酱园与六里埝。

徐鼎和十七世时，生五子，二、四子幼亡，分大、三、五房。大房掌管徐鼎和家业，分得大半江山，并用徐鼎和经营所得兴建宅第。三房十几岁略懂事，五房年幼，两家只分到一小部分。

徐鼎和酱园创办于清雍正年间。所谓"三只缸"就是酱坊、酒坊、染坊，因三个行业都离不开水，少不了缸，利润丰厚而得名。凡酱园都有一定数量的酱缸及相应的场地和原料库房。酱缸少则几十只，多则千余只（每只容酱五百公斤）。徐鼎和酱园飞黄腾达之时，正遇太平天国，祖上作为县城首富出任太平天国商务，后来太平天国灭亡，祖上怕被牵连，关闭酱园，隐避各处。店内生产工具转让给尚书厅徐氏开设北万丰酱园于北门高桥。

兵部尚书徐用仪五房二十世徐植甫独子徐炯章在上海开设松盛酱园，并且还是西万丰、北万丰酱园大股东。

海盐的另一个酱园大户是冯氏，即绮园的主人冯缵斋（约1840—1887）的祖上及本人。

　　冯氏高祖玉庭于清乾隆二十五年（1760）在待葑庙（今望海街道）开设广盛酱园，生产酱油、腐乳等，销本邑和上海等地。园前河港因名酱园港。祖父小围于光绪十六年（1890）在武原镇玄坛弄开设万通酱园。咸丰年间两酱园先后歇业，缵斋携分得银钱至沪，于同治元年（1862）在南市集水街（今东门路）开设并主持冯万通酱园。用祖传工艺生产酱油，色浓质厚，尤以"三伏晒油"闻名，业务迅速扩大。其去世后，后裔继其业。至1956年，冯万通酱园拥有职工五十七人，年产酱油二千吨左右。公私合营后称冯万通酿造厂，后并入上海酿造七厂。有酱作、酒作（黄酒）、吊坊（白酒）、醋作、水作（腐乳）、酱菜作。酱油、醋、麻油，以及由鱼肉和蔬果制成的酱状食品，都是酱园的热卖品。

　　海盐直到现在还在生产酱油的是海盐国泰食品有限责任公司。从最初的"泰兴酱园"到现在已经走过了一百三十多年的历史。

　　酱油属于咸味调料，以富含蛋白质的豆类和富含淀粉的谷类及其副产品为主要原料，原料在微生物酶的催化作用下分解，经浸滤提取调汁液。酱油的种类很多，常见的有生抽、老抽和白酱油等。生抽是一种不用焦糖色素的酱油，颜色较浅。老抽是在生抽中加入焦糖色素，再经加热搅拌、冷却、澄清而制成的浓色酱油，通常称作"红酱油"。白酱油由特殊发酵工艺加工而成，色泽微黄、透明、澄清，滋味鲜美和谐，通常称作"鲜酱油"。

　　酱油中含有食盐，能起到确定咸味、增加鲜味的作用；酱油具有色泽，起到上色、起色的作用；酱油的酱香气还可以增加菜肴的香气。

腌菜盛行

大概与产盐有关，海盐不仅盛产腌菜，而且很出名。

海盐的腌菜品种很多，常见的有盐齑菜、薹心菜（水花茶）、大头菜、咸芥菜、水榨菜、团菜、霉苋头、雪菜、酱络苏、酱黄瓜、酱萝卜、什锦菜、泡娃娃菜、捏菜等。

冬春二季是腌菜最重要的季节，这与蔬菜的生长季节有关。春天万物复苏，春暖花开，是种瓜点豆的重要季节，茄子、番茄、地蒲、南瓜、丝瓜、豇豆都在这个季节种植，还有许多蔬菜属于冬型植物，在秋季播种，冬季或第二年春季收获。比如八月菜，也就是通常所说的青菜，还有大头菜、萝卜、娃娃菜、榨菜、芥菜、晚菜都从8月份开始播种。青菜的生长速度很快，大多作为鲜菜食用，人们也会留一部分，等到了冬季用来做盐齑菜。江南有个习俗："小雪腌菜，大雪腌肉。"打过霜以后就开始腌菜了，在海盐最重要的就是腌盐齑菜和大头菜，有的还要做萝卜干。过了春节，随着气温的回升，青菜和晚菜开始抽薹，这时就要腌薹心菜了。这时的娃娃菜也已长大，做一坛泡娃娃菜，清脆爽口，非常好吃。有的农户还种了榨菜和芥菜，这两种菜既可以做成团菜，也可以做成水榨菜或水芥菜。团菜是一种经发酸的干菜，需要反复晒、反复揉，让它不断脱水、不断发酸，陈年的干菜有一股陈香味，菜香诱人。水榨菜或水芥菜虽然不耐储存，但味道特别鲜，可用来烧新蚕豆，这是农村的家常菜。海盐曾经流行各种酱菜，有酱络苏、酱黄瓜、酱萝卜、什锦菜等，副食品商店专门有销售。酱络苏和酱黄瓜都是用小茄子和小黄瓜腌制。以前还有一种酱萝卜非常好吃，萝卜很大，整条腌制，吃时切成片；还有一种什锦菜曾经很流行，用胡萝卜丝、姜丝、大头菜丝、螺丝菜、辣椒等多种蔬菜腌制而成。平时还会做一种捏菜，用鸡毛菜腌制，今天做好明天吃，有的甚至当天就吃。大多与其他菜搭配烹饪，如捏菜豆腐、捏菜海白虾等。

盐齑菜

盐齑菜是海盐最常见的一种腌菜，农村大多在小雪节气时进行腌制。在江南，小雪不一定下雪，但开始打霜了，这时地里的青菜早已长大，经霜打后还积蓄了一定的糖分，此时的炒青菜有一点甜，口感很好，做成盐齑菜同样味道鲜美。做盐齑菜用的是青菜，最好是菜梗白的那种，俗称"长梗白"，这种菜的梗白、长、嫩，做好的盐齑菜十分脆嫩。

海盐人把做盐齑菜叫踏盐齑菜，割下来的青菜，先要去掉老叶和黄叶，然后摊在地上或蚕匾里晒瘪，考究的还要洗净淋干。做盐齑菜时在缸里叠一层菜撒一层盐，盐的用量约为每公斤菜50克，脚穿新草鞋站在缸里踏，将青菜踏成深绿色，再加菜撒盐，如此一层层地反复踩踏，最后再在上面撒一层盐，并用石头压住菜面，十天以后就可以尝鲜了。

盐齑菜的吃法丰富多样，最简单的是生吃过粥。从缸里摸出来的盐齑菜，洗净后切成段就可以吃了，平时也会在盐齑菜中加一点菜籽油蒸熟了吃。盐齑菜与其他的食材搭配，可以做出多种美味菜肴，常见的有盐齑菜烧肉、盐齑菜烧鱼、盐齑菜炒鸡、盐齑菜炒春笋、盐齑菜炒新蚕豆等。到了下一年的四五月份，没吃完的盐齑菜容易腐烂，习惯捣碎后晒成干菜，虽然与绍兴的霉干菜不同，但用来烧肉同样是一道美味的菜肴。

薹心菜

薹心菜是用菜心腌制的一种咸菜，也称水花菜。

到了农历二月春分时节，田地里的青菜开始起薹开花，此时的上海青菜心清炒或者烧肉都非常好吃，吃不完的可以腌制薹心菜，但这种菜储存时间不长。真正腌薹心菜用的是"土油菜"，或称"晚菜"，这种菜从根部长出一丛菜心，产量很高，但这种菜心直接炒食没有上海青的菜心味道好，经过腌制成为薹心菜后，不仅味道好，而且耐储存。

腌薹心菜在海盐农村很普遍，方法也很简单，地里摘来的菜心，可以先洗净，也可以不洗，关键是要晒至稍微干瘪，去掉一定的水分，大晴天晒一天足矣，阴雨天则须延长一两天，水分太多很难揉搓，而且容易发酸和腐烂。腌制时按菜心与盐10∶1的比例混在一起，在面桶等容器中反复用力揉搓，直到菜心柔软、转色，揉搓好的菜心一团一团叠放在菜鬵中，用木脚杵实，再在上面盖上一层稻草，并放上石块压实。到了第二天菜卤逐渐溢出，淹没菜心，浸没在菜卤中的薹心菜开始发酵，差不多半个月以后颜色由青转黄，而且散发出一股特殊的咸菜香味，这时薹心菜已经腌熟，可以开始食用了。

薹心菜可以生吃，用来过粥非常开胃，还可以与多种荤素食材搭配做成各色菜肴。薹心菜与荤菜搭配可以烧肉、烧鸡、烧鱼等。薹心菜与素菜搭配可以烹调咸菜炒春笋、咸菜新蚕豆、咸菜烧地蒲、咸菜滚豆腐、咸菜粉丝等。最喜欢吃的是薹心菜蒸春笋。薹心菜腌熟之时，当地的春笋刚好也钻出来了，做这道菜用蒸不用炒，味道非常独特。记忆最深的是，在夏天时家里经常做薹心菜蛋花汤，干农活出了大量的汗水，这时喝薹心菜蛋花汤下饭，既增加食欲，又恰到好处地补充了盐分。大概薹心菜的味道实在太美，一些厨师用其不断开发出新的菜肴，如薹心菜蒸黄鳝、薹心菜蒸茄子等，深受食客喜欢。

大头菜

大头菜学名芜菁，古称芥，在海盐相当出名。

海盐大头菜的主要产地是东门和城西两地，种植的历史有

1000多年，东门栽种的是碧螺种的大头菜，个小、产量低；城西栽种的是瘪大种的大头菜，个大、产量高。东门大头菜腌制时控水严，水分少，腌制后的成品大头菜色泽为紫褐色，外观逊于城西大头菜。城西大头菜腌制时水分比东门大头菜多，腌制后的成品大头菜色泽金黄，外观美。现海盐大头菜以红益村种植为主，也就是城西大头菜。

海盐大头菜的腌制工艺比较复杂，现在已列入第二批嘉兴市非物质文化遗产名录。

第一步是洗净切片。采收后的大头菜去根、去黄叶，晒1—2天，用水洗净，然后切片，厚度1—1.5毫米。

第二步是上缸腌制。100公斤大头菜用盐8—9公斤，一层大头菜一层盐叠放在缸中，前2天要每天翻缸2次，以防发热变质，之后要每天翻缸1次，7天后基本成熟。

第三步进鬶存放。已腌制成熟的大头菜，其叶要绕在大头菜的颈部，然后逐个叠放在鬶中，为了调味，每层还要放一些已经腌制过的红辣椒，每个大头菜要叠紧，并用菜棍挤紧，不留空间，然后将鬶倒过来存放一天，将水分沥干。最后是封口，封口的泥要用腌大头菜的渍水调制，存放环境要通风避光。当年腌制的大头菜要到下一年的1月份上市，主要销往海盐本地、平湖、嘉善，以及嘉兴市区。

大头菜香脆爽口，味道鲜美，既可以生食，也可以用来做大头菜烧肉，或者与其他食材搭配小炒。海盐人最喜欢的是大头菜肉丝汤，在吃饭时有这碗汤，几乎不用再配其他菜肴。

一方水土养一方人

俗话说：一方水土养一方人。这在饮食文化上得到充分体现。

杭嘉湖平原号称"鱼米之乡"，土地肥沃，河汊密布，盛产稻、麦、粟、豆、果蔬，水产资源十分丰富，四季时鲜源源上市，农舍鸡鸭成群，猪羊肥壮，濒临东海，海产品种类繁多。殷实富足的食材，促进了饮食文化的发展，并形成了浙菜清雅的风格。在浙江省内的菜系统称为"浙菜"，主要有杭州、宁波、绍兴、温州四个流派，因各地物产的差异，各自带有浓厚的地方特色，但有四个共同的特点：选料讲究、烹饪独到、注重本味、制作精细。

所谓选料讲究，就是追求细、特、鲜、嫩。细，取用物料的精华部分，使菜品达到高雅上乘；特，选用特产，使菜品

具有明显的地方特色；鲜，使用鲜活料，保证菜品味道纯正；嫩，时鲜为尚，使菜品食之清鲜爽脆。所谓烹饪独到，即烹调方法极为简洁。中餐菜系繁复，制作方法复杂，烹饪方法林林总总，有28种之多，仅炒就分为生炒、熟炒、滑炒、清炒、干炒、抓炒、软炒，这么多的烹饪方法，浙菜仅取炒、炸、烩、熘、蒸、烧等法。所谓注重本味，即注重清鲜脆嫩，保持主料的本色和真味，多以四季鲜笋、火腿、冬菇和绿叶菜为佐，以绍酒、葱、姜、醋、糖调味，借以去腥、解腻、吊鲜、起香。所谓制作精细，即形态精巧细腻，清秀雅丽。盘食器皿清洁精巧，菜品造型优美，菜名文气优雅。

浙菜的形成历史悠久，既有地域资源的因素，也有社会经济的因素。1973年，在余姚发掘的河姆渡文化遗址中，出土的文物中有大量的籼稻、谷壳和菱角、葫芦、酸枣核，以及猪、鹿、虎、麋、犀、雁、鸦、鹰、鱼、龟、鳄等40余种动物的残骸。同时，还发掘出了陶制的古灶和一批釜、罐、盆、盘、钵等生活用器。这些文物约有7000年的历史，这就是7000年前当地人的饮食结构。《黄帝内经·素问·异法方宜论》曰："东方之域，天地之所始生也，鱼盐之地，海滨傍水，其民食鱼而嗜咸，皆安其处，美其食。"《史记·货殖列传》中就有"楚越之地……饭稻羹鱼"的记载。绍兴市的稽山，过去称"鸡山"，据传是越王勾践养鸡的地方。

吴越王钱镠建都杭州后，杭州经济文化益显发达，人口剧增，商业繁荣，曾有"骈墙二十里，开肆三万室"之称。经济的发展，贸易的往来，为烹饪事业的发展和崛起提供了巨大的推动力，使当时的宫廷菜肴和民间饮食等烹饪技艺得到长足的发展。南宋建都杭州后，北方的名流、达官贵人和劳动人民大批南移，卜居浙江，把北方的烹饪文化带到了浙江，使南北烹饪技艺广泛交流。饮食业兴旺繁荣，烹饪技术不断提高，名菜名馔应运而生。同期的海盐澉浦成为重要的贸易港口，商贾云集，在经济文化迅速发展的同时，餐饮业也繁荣发展。澉浦的餐饮特色与后来的杭州路总管杨梓有重大关系，至今沿袭的澉浦红烧羊肉等许多菜肴皆出于杨梓家宴。民国以后，随着近代工商业的发展，顺应社会需求，餐饮业迎来新的发展高潮，许多餐馆经营出自己的特色，在精选本地优质食材的同时，采购各地名优食材精心烹饪。

海盐菜肴的特色，与浙菜一脉相承，在选材上以本土为主，荤菜主要来自猪、羊、牛、鸡、鸭、鹅肉，水产品既有河鲜，也有海鲜，蔬菜以本地种植的四季时鲜为主，还有大头菜、盐齑菜、薹心菜、芥菜、榨菜、雪菜、团菜等腌菜。

烹饪方法简洁明了，以炒、炸、烩、熘、蒸、烧等法为主。炒是最常用最基本的烹调方法，主要是以油为主要导热体，将小型原料用中旺火在较短时间内加热成熟、调味成菜。炒有生炒、熟炒、滑炒、清炒、干炒、抓炒、软炒等七种不同的方式，浙菜常取生炒、熟炒、滑炒、清炒等法。炸是旺火、多油、无汁的烹调方法，具体又分清炸、干炸、软炸、酥炸、面包渣炸、纸包炸、脆炸、油淋炸等。烩是汤和菜混合的一种烹调方法，烩菜的主料一般是片、丝、条、丁等形状，用葱、姜炮锅或直接以汤烩制，调味后用淀粉勾芡即成。熘与炒和爆

相似，不同的是熘菜所用的芡汁比炒菜、爆菜多，原料与明亮的芡汁交融在一起。熘菜的原料一般为块状，甚至用整料。蒸就是把原料放入容器内，装入屉中或放在水锅里，通过加热产生高温蒸气而使原料成熟的一种烹调方法。烧是最常用的烹饪方法，主料预处理后放汤或水和调料，用大火烧开，再改小火慢烧。由于菜的色泽不同，又分为红烧和白烧。红烧的菜多为涂红色或浅红色，常用老抽、生抽调色；白烧在烧制菜肴时不放酱油，汤汁均为淡色或白色。

烹饪菜肴除了用不同的方式加热，另一项重要工作就是调味。调味的目的是突出原味、去除异味或对没有味道的食材赋予新的味道。没有异味的食材，让原味呈现出来是最好的调味。大多肉食和水产品具有异味，正如《吕氏春秋》所记："夫三群之虫，水居者腥，肉玃者臊，草食者膻。"意思是湖海中的水族鱼虾之类本味腥臭，食肉类禽兽鹰雕之类本味腥臊，草食类牲畜羊鹿之类本味膻臭，把这些食材做成美食就要去异味，在海盐常用的辅料是姜、葱、蒜、八角、桂皮、绍酒、红枣、萝卜等，浙南地区爱用紫苏除腥，效果斐然，近年在海盐也有流行。海参、鲍鱼、木耳等食材，本身不具有味道，在烹饪时通过调制汤汁，另外赋予美味。海盐做菜调味的特点，一是注重本味，二是红烧，三是和味。突出本味的调味方法就是加盐，盐为百味之先，加盐能突出本味。比如鸡肉，是非常鲜美的食材，白切鸡常蘸酱油食用，煲汤鸡加盐后鲜味能充分呈现出来。还有河虾，大多数人会选择做盐水虾，做法简单，鲜味十足。大部分的蔬菜，只要加盐就可以了，盐不仅能提鲜，而且不会掩盖本味。清蒸的菜经常只用盐调味，有的是在蒸制之前先将食材用盐腌制一下，有的是直接加盐蒸制。红烧是最常用的烹饪方法之一，从家庭到饭馆都广泛使用。大部分荤菜都可以用红烧的方法烹饪，如红烧肉、红烧羊肉、红烧牛肉、红烧鸭肉、红烧鹅肉、红烧鱼，等等。红烧既是调味也是调色，使用的调料主要是酱油。酱油是我国传统的调味品，用大豆和小麦或麸皮作为原料酿造而成，其成分除了食盐，还有多种氨基酸、糖类、有机酸、色素及香料等，咸味为主，亦有鲜味、香味等。在烹饪时加入酱油，既能着色，也能提味。酱油一般分老抽和生抽两种，生抽以提鲜为主，老抽以着色为主。和味是调和，在烹饪过程中寻求原料、佐料、调料、水、火候等诸要素的平衡。海盐人做菜有一种独特的调和，这就是"腌笃鲜"，"腌"是指腌制过的咸肉或腊肉，"鲜"是新鲜的肉类，包括鸡、蹄髈、小排骨等，"笃"就是用小火焖的意思。最常见的有咸肉煮春笋或毛笋，此菜口味咸鲜，汤白汁浓，肉质酥肥，笋清香脆嫩，鲜味浓厚。海盐在冬季有腌咸肉的习惯，春季既产春笋又产毛笋，从家庭到餐馆都会做这道菜。与"腌笃鲜"类似的还有用腌菜与新鲜的食材合炒或同煮，如大头菜烧肉、盐齑菜烧鱼，同样能够获得独特的咸鲜味。

吃在海盐

北纬30°是一条神秘而又奇特的纬线，在这条线的附近有众多的文明发祥地和世界奇观。在中国，这是一条最美的风景走廊，海盐刚好是这条纬线上的一个节点，自然造化注定海盐是个神奇的地方。海盐有山但不高，有水不泛滥，有平原很肥沃，地貌丰富。物华天宝之地，地下长的、地面生的，水里游的、地上走的，丰富的物产一年四季各不相同。一方水土养一方人，一方人民创造一方文化，江南的水养育了海盐人绵柔包容的性格，江南的物产养育了海盐人自然本味的饮食习惯，悠久的历史积淀了海盐丰富的饮食文化。

民以食为天，食以物为源。海盐人对于吃讲究顺其自然，以当地的物产为食物来源，在季节的变换中吃出精华，几百年来先人给后人留下了许多有关吃的经验。比如"正月螺蛳二月蚌""春鲻夏鲈秋箬鳂",用言简意赅的语言告诉我们：想要品尝这五种水产品的美味，需要选择不同的季节，先人对吃在时间上把握得十分精准。季节不同，食材的品质往往有较大的变化，人在吃饱以后，开始追求吃好和吃出健康，于是便学会了选择，并将其发展成美食文化。对于吃，海盐有丰富的民谚。"六月韭菜臭死狗"告诉人们：到了五六月份，韭菜变得很臭，不好吃了。只有春天的韭菜才既香又甜，而最好吃的当然是春天第一次割下来的韭菜。"冬吃萝卜夏吃姜，不用医生开药方"告诉人们：萝卜在冬季是最好吃的，一开春萝卜就空心了，当然就不好吃了，从养生学上说，冬天外面阴气最盛，而人却胃中烦热，萝卜是理气的，吃了容易放屁，对调理身体大有用处；夏天则刚好相反，外面阳气最盛，而人却胃中虚冷，很多人这时候容易腹泻，而生姜既可以升阳助阳，又具有温中祛寒的功效，此时吃上几片生姜，就能够顺应夏季阳气的升发。

　　菜以味为首，烹以简为上。海盐人吃菜追求原味，传统菜肴中调味品用得极少，做菜的方式也极其简单，这是一种返璞归真的境界，但需要依托优质食材。海盐的食材历来丰富，农村饲养猪牛鱼羊鸡鸭的历史悠久，这种散养畜禽在自然环境下生长，虽然生长较慢，但绝对是优质食材和绿色食品的来源，现代社会以集约化方式饲养的畜禽，虽然产量很高，但经常发生瘦肉精和抗生素污染的事件。海盐有众多的河流，在农耕时代水质优良，有大量的鱼虾出产，河虾用手都能摸到，大横港出产的河蟹既大又肥，再加上海产品的补充，河鲜海鲜品种极为丰富，小杂鱼一般是没人吃的，但现在已经被当作美食

享用。用这样的原料做菜，当然是追求原汁原味了，白切鸡、清蒸鱼、清蒸河蟹、盐水虾、白水焐肉等，海盐人喜欢用蒸煮的方式做菜，烹调简单，味道纯真，迄今为止仍为广大市民和食货们喜爱。蔬菜更是种类繁多、四季不同。春天来临，光是地里的野菜就有好多种，马兰头、荠菜、枸杞头、香椿头，都散发着春天的气息，喜欢美食的人不肯放过这样的机会。经常能看到一些人拎着小篮子、拿着剪刀，在房前屋后或田野里挑野菜。雨后春笋正是发生在这个季节的传奇，无论是出于平原的淡笋，还是长于山上的毛笋，海盐人都能做成不同形式的菜肴，"腌笃鲜"和油焖笋只不过是最传统的两种做法。当地人吃笋，从春笋吃到鞭笋再到冬笋，一年可以吃上三季。到了夏季，茄子、番茄、豆角、南瓜、葫芦，种在菜园里的、挂在树上的到处都是。秋季不仅是一个收获的季节，也是秋播的季节，用新收成的黄豆做出来的豆腐不仅色白，而且香味更浓，很多品种的蔬菜在秋季播种和收成，真是青菜、萝卜各有所爱。冬季虽然寒冷，但用经过霜打的青菜做出来的菜肴味道更好，把刚洗净的青菜切成段，在油锅中一炒，放上盐烧熟，不用放水，也不用放调料，菜肴里散发出来的自然香味和淀粉转化过来的甜味，是最好的本色味道。农村还习惯在做饭时蒸菜，蒸茄子、蒸萝卜、水花菜蒸笋等。蒸菜制作简单，但味道独特，绝对算得上是绿色食品，海盐人就是遵守这种化繁为简的法则，绝不放过味觉的享受。

"海滨广斥，盐田相望"，这是海盐的名称由来，生产海盐是这里最古老的产业。盐是做菜的最基本的调料，制盐业也影响了海盐的饮食文化。据史书记载，海盐生产的盐分为食用盐、农业用盐、酱盐等。酱盐的税要相对低一些，或许是受这种税赋结构的影响，海盐在近代历史上发展出了一个制造酱油的重要产业，不仅海盐有众多酱园，而且上海有三分之一的酱园也是由海盐人开设经营的。正是受到这种历史的影响，海盐历来有腌肉、腌鱼、腌菜的习惯，腌制的食品不仅可以存放更长的时间，而且也有特别的风味，同时也影响了饮食文化。用咸肉煮春笋或用咸猪脚煮鲜猪脚，称作"腌笃鲜"，这种做菜的方式在海盐广泛流传，不仅在民间大行其道，而且造就了许多菜馆的经典名菜。腌菜或许是为了防止新鲜蔬菜青黄不接，但到了今天，腌菜已被开发为风味独特的菜品，比如盐齑菜炒春笋、水花菜蒸黄鳝，这些菜都是海盐饮食文化的重要组成部分。海盐盛产酱油，这自然也会影响到做菜的方式，由此，众多用酱油红烧的菜广为流传，红烧肉、红烧鱼、酱鸭等，就像做川菜习惯放辣椒、花椒一样，酱油红烧菜成为海盐独特的风格，而澉浦红烧羊肉是最享盛誉的了，据说这道菜还是海盐腔发明者杨梓所创造的。

在人员流动日益加快的今天，吃的品种在海盐也变得更加丰富，除了传统佳肴，川菜馆、湘菜馆、农家乐等不同形式的美食坊密布在街头乡间，更多的口味在满足人们不同选择的同时，也丰富了海盐的美食文化。

菜场的烟火味

菜场是最具烟火气的地方。

大部分人都有上菜场买菜的经历，身边的菜场不仅留下自己的足迹，也留下深刻的记忆。在生活过的地方，记忆最深的是2010年前后的天宁寺农贸市场，这是海盐曾经的一个自产自销菜场，地处天宁寺的西北角。原来这里是一座植物油厂，后来工厂破产了，拆除了厂房和设备后仅留下围墙。为了方便农户卖菜和居民买菜，临时辟为自产自销菜场。卖菜的有周边的农民和渔民，以及许多家庭农场主和菜贩。原来的工厂大门，成为菜场的大门，进门的路两边，有许多卖油条、粽子、包子、豆浆、牛奶等早点的摊贩，没有多少特色，却方便了买菜的人用早餐。买菜的人大多喜欢赶早集，到了菜场先买一份早点，一边吃着早点，一边逛菜场，买好菜回去刚好上班。

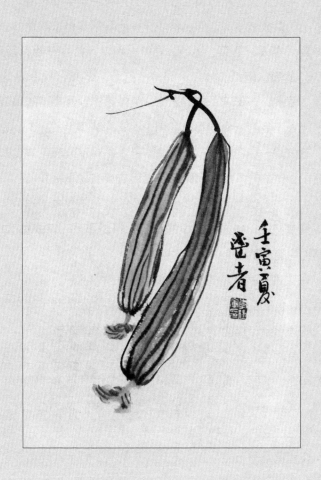

壬寅夏
齊者

　　天宁寺农贸市场是个露天菜场，场内简单划分了几个区块，中间由菜贩们搭了几个简易棚，有卖肉和卖蘑菇的，还有外地运来的蔬菜。西边和北边才是当地农户卖菜的区域，每个人所卖的菜数量不多，但品种多样，而且都是自家露地种植的时鲜菜，春天有韭菜、菜心、春笋、黄瓜，初夏开始有番茄、茄子、地蒲、南瓜、丝瓜、刀豆、豇豆、冬瓜，秋季开始有青菜、萝卜，一年四季轮番上场，关键是露地蔬菜跟随季节登场，让人感受到饮食的季节变化。不同的蔬菜生长在不同的季节，不仅是一种自然规律，也能满足人类对不同节气饮食的实际需求，比如春天时阳气始升，食用韭菜有助于提升阳气，蔬菜的生长与人的生活刚好匹配。当季的蔬菜不仅味道鲜美，而且更易烹饪，比如露地种植的茄子，随便蒸一下就软糯可口，大棚种植的茄子往往味淡且不易煮烂。

　　东边则是卖水产的摊贩。有的是养鱼专业户，长期设了摊位卖鱼，鱼的品种不多，但都很肥硕。也有本地渔民将在外河捕获的鱼拿到市场上出售，鱼的大小往往参差不齐，而且种类很杂，有鲫鱼、鲢鱼、黑鱼、小杂鱼等，如果运气好，还有野生的河虾、河鳗、黄鳝和甲鱼等，春天的时候还有卖螺蛳和河蚌的，其实这些才是真正的河鲜，也是老饕们喜欢的食材。为了找到这些食材，往往要起个大早，还要看运气好不好，野生的河虾和黄鳝季节性很强，不是每天都有，野生河鳗和甲鱼更是极为稀少，偶尔才能看到。没有珍稀的河鲜，只能买一些野生的小鲫鱼，其味道却是十分鲜美，最传统的烧法是盐齑菜烧鲫鱼，用来下饭让人胃口大开；如果是用来下酒，则可以油炸，小鲫鱼的刺很细，用油一炸全部酥松；有的还喜欢做成鱼汤，用滤网除去鱼骨，留下肉和汤下面条，我没有吃过这样的面条，但能够想象其味道一定是鲜美无比。

菜场是人类生活最离不开的地方，最初的菜场或许是自发形成的物资交易场所，我在少年时代曾经有过卖菜的经历，把种在地里吃不完的菜送到街上出售，换到的钱刚好买家里需要的物品。卖菜没有固定的菜场，看到街边有人卖菜，跟着找个空当把菜摊开来卖，陆陆续续，整条街上都是卖菜和买菜的人，一条街就是一个菜市场，这是江南小镇的历史景象。其实许多地方都有这种景象，曾经在成都小住过一段时间，闲来无事便到小街小弄里转悠，发现许多小街中都有菜场和小吃店，我想这便是烟火味，居民买菜出门就有，各种地方特色小吃是当地居民生活的一部分。自产自销的菜场卖的都是当地、当季的物产，饮食文化与季节和地域融为一体，这才真正体现出一方水土养一方人。

若干年以后，天宁寺农贸市场还是关闭了，不知是出于食品安全管理的需要，还是城市卫生管理的需要，这样的菜场在城里早已销声匿迹。现在买菜只能到专门的菜场或者超市，这些菜场环境优美、摆放规范，菜品的种类丰富多样，但要找到老饕们念想的时令蔬菜或者真正的河鲜却不太可能，"吃"自然不成问题，但少了农贸市场的烟火味。

海盐农家菜

民以食为天。在漫长的农耕社会中，男耕女织是典型的生产方式，刀耕火耨、栽桑种粮，自给自足、丰衣足食。海盐历来以鱼米之乡著称，历史悠久，物产丰富。据明《海盐县图经》县风土记的记载，当地的主要食材有禾之品、菽之品、菜之品、蓏之品、羽之品、毛之品、鳞之品、介之品等，种类繁多，四季变换。丰富多样的食材，养育了海盐人民，也形成了海盐的饮食文化，农家菜就是海盐饮食文化中流传最久、影响最广的海盐味道。

食以炊为先。火的使用是人类文明的最大进步，灶头的发明和使用是人类饮食习惯的重要转折。海盐的灶头很出名，是炊具的最美形式，也是饮食文化的标记，灶身上都要画上各种不同的图案和纹样，这种湿壁画被称作"灶头画"，已经被列

入国家级非物质文化遗产代表性项目名录。我父亲就是一个专门打灶头的匠人，他打造的灶头火力旺，灶头画漂亮，在周边有很高的知名度，农户建新房都会专门请他去打灶头，农闲时父亲常以打灶头作为营生，他也很想把这种手艺传给我，曾经多次带着我去学习，只因自己有了新的学习方向而终究放弃。在海盐农村，每家每户都有一座灶头，这既是民居建筑的一部分，也是百姓饮食文化的根基。这种灶头的体量较大，有两米长，八十厘米高，还分两眼灶、三眼灶，也就是分成两个或三个灶膛，相应的就有两口或三口锅。灶的样式丰富多样，最简单的为圆桶形，大部分家庭会选择马蹄形或花篮形这种精致的样式，在灶山、烟箱、灶身都画满各种不同的图案和纹样，充满生活气息，寓意薪火相传。海盐的灶头确实与众不同，其形态优美，更像是一件艺术品，是一种十分成熟和完美的炊具，设多个灶膛、分多口锅，一口锅用于烧饭，另一口锅用于做菜，功能非常实用。所使用的锅盖也很特别，很像倒过来的木桶，有一定的高度和空间，也许没有人想过为什么一定要用这种复杂的锅盖，其实这既是一种生活习惯，也是一种经验积累，这种锅盖可以在做饭时一并蒸菜。最初学习烧饭时学的就是这种方法，母亲预先把米和菜准备好，我听到有线广播响了就开始烧饭，父母干活回来就可以开饭。

　　一方水土养一方人。饮食习惯与地理环境和生产方式密切相关，海盐地处江南，这里四季分明、地沃物丰。冬去春来，夏往秋来，不同季节种植不同品种的菜，绿叶菜、根茎菜，都是鲜嫩的时令菜。畜禽养殖历史悠久，农村有养殖猪、羊、鸡、鸭等习惯，正宗的放养鸡、放养鸭、土鸡蛋、土鸭蛋，随便怎么做成菜，都会味胜一筹。海盐号称水乡，水域面积广大，具有丰富的淡水鱼虾资源，四大家鱼体大身肥，清蒸红烧皆宜，杂鱼虽小，却别有风味，海盐靠海，还有许多地方吃不到的海水鱼虾。虽然农家做的都是家常菜，但吃的却是新鲜菜和时令菜，由此产生的许多乡谚俚语就是对农家美食的最好注解。

农家菜是从农村厨房中做出来的家常菜，也是饮食文化中最悠久、最普及的民间美食。海盐的灶头是农家菜的代表符号，大铁锅和高锅盖这种炊具最适合做蒸菜和烧菜，这正是海盐农家菜的最大特点。农耕社会生产效率不高，生活方式简单，海盐人长期以来形成一种做饭并同时蒸菜的生活习惯。做饭时在锅里放上蒸架，下面做饭，上面蒸菜，高的锅盖刚好满足这种搭配，用最简单的方法和最高的效率，把饭菜一气做成。蒸菜包罗万象，不管是鱼、肉还是素菜，也不管是淡的还是咸的，都可以蒸着吃。常见的有各种咸蒸鲜的菜，如咸肉蒸春笋、咸肉蒸蛋、咸鱼蒸蛋、咸蛋蒸鲜鱼、咸菜蒸春笋等，只要想得出来，都可以做蒸菜，而且，同样的食材，蒸菜远比烧菜味道鲜美。许多饭店通过总结改进，做成的各种家常菜，既保留了农家菜的味道，又美化了菜肴的视觉效果，成为常盛不衰的看家菜。在农家菜中，所有的蔬菜都可以蒸着吃，不管是青菜、白菜、茄子，还是番薯、土豆、芋头、萝卜等根茎菜，都是餐桌上常见的蒸菜，许多饭店把这些蒸菜拼在一起，取名五谷杂粮，就是知它深受食客喜爱。农村的锅灶做炒菜，确实有点不太合适，灶是柴火灶，炒菜时需要另一个人帮助烧火，

大口的铁锅是固定的，抛、颠等炒菜的动作基本无法施展，但做烧菜正是恰到好处。虽然农家做烧菜缺少很多形式，只会烧白鸡、原鸭，做红烧鱼、红烧肉等，但这种做法最大限度地保持了食材的原味，大道至简，吃得过瘾。在海盐已有些出名的农家菜，如羊肉芋艿、咸笃鲜等，这些菜只有用大铁锅烧出来才有传统的味道。农家菜的做法看似简单，其实大有文章。农家菜的食材都是自己生产的，农家人熟悉它的特性和加工方法，就说烧咸笃鲜的咸肉，必须在冬至前后腌制，春节后在太阳下晒过，只有选用这样的咸肉，做出来的烧菜才咸香味美，无论是咸肉烧青菜，还是咸肉烧春笋，或者咸肉烧土豆，都是让人难忘的记忆。农家菜的烧制方法是长期积累的总结，就说一碗鳝筒汤，农家菜在烧制时，必须要把焯过的汤水经沉淀后返还到锅中，只有这样烧出来的鳝筒汤才保持十足的鲜味，虽然饭店里的菜做得非常花哨，也放了大量的调料，但始终达不到农家菜的地道。

　　海盐农家菜当然不止于蒸、烧两种形式。逢年过节的时候，各家各户都会摆上丰盛的节日菜，如红烧蹄髈、油豆腐烧肉、糖醋排骨、高粱肉、白菜炒肉丝、大蒜炒皮子等多种花样。农家菜还会就地取材，利用腌大头菜和盐齑菜的菜卤浸猪头肉、白鸡等，形成一种独特的地方风味。农家菜就是这样，不太注重形式，但它源于生活，扎根舌尖。

美食在民间

俗话说：美食在民间。在海盐的乡村，有一道菜名为"黄鳝地蒲汤"，在城里吃不到。

黄鳝是一种生活在底层的鱼类，在河道、湖泊、沟渠中都有。过去在水田中特别多，春耕开始，田里灌了水，黄鳝就从洞中游了出来。少年时代，我每到这个季节就开始忙于捕黄鳝。使用的方法很简单，晚上提一盏灯，拿一把钳子，在水田中照黄鳝。灯是自己做的，把一根竹子的一头劈开，做成一个喇叭形，外面贴上绵纸，里面放一只煤油灯。后来有了改进，把煤油灯用铅丝穿起来，外面套一只玻璃灯罩，这样做出来的灯光线更亮、体积更小，使用更方便。钳子也是自己做的，在两片竹片的中间夹一根竹片，在交叉的地方打一个孔，用钉子穿起来。晚上黄鳝栖在水田中不动，用钳子一夹就抓到了。田

里还有很多的泥鳅，用网一捞也抓住了。黄鳝和泥鳅抓了很多，但自己不吃，黄鳝拿到街上卖钱，泥鳅喂仔猪。端午节流行吃五黄，黄鳝是其中之一，自己亲手杀黄鳝、洗黄鳝，黄鳝身上有一层滑泥，因为不能吃，用南瓜叶拼命擦拭。也许是烧法不对，当时并不觉得黄鳝味美。有一次同学约我去吃饭，只有他一人在家里，他端上来两碗黄鳝汤、一碗蚕豆、几瓶啤酒，告诉我今天就两个菜，主要是请我吃黄鳝。黄鳝汤也叫鳝筒汤，一人一碗，味道确实很美，从此我才知道鳝筒汤是一道乡间美食。后来有一段分管渔政工作的经历，专门跟渔民打交道，得知他们擅长烧鱼，遂专门求教，其中有两个诀窍一直记得：昂刺鱼的滑泥不能除掉，否则做出来没鲜味；黄鳝可以用水焯的方法除去滑泥，但汤水经沉淀后要还回去，称作还汤煮黄鳝。原来这就是做美食的诀窍。

黄鳝营养丰富，蛋白质及维生素A等含量较高，刺少肉厚，肉质鲜美，烹制形式多样。小一点的黄鳝一般去骨后做成爆炒鳝丝，这是一道上海风味的传统菜肴，江南的大小饭店都会做这道菜，色金黄、味香脆，只是现在黄鳝的价格高了，饭店里做这道菜掺杂了过多的洋葱、青椒、茭白丝之类，味道已不太正宗。大的黄鳝一般做成炒鳝片，但黄鳝在油中一炒，肉就变硬，口感并不好。三四两大小的黄鳝最好，最适宜做成鳝筒汤。饭店里的厨师做菜很讲究，但在做这道菜时，常常破坏黄鳝的原味，特别是城里的饭店，为了配菜方便，时常将黄鳝预处理，焯水的原汤直接就倒掉了。有的厨师还喜欢将鳝段在油中炸一下，这样不但使鳝肉变硬，而且还造成不易入味。乡

下的做法很土，选野生的黄鳝，现杀，做成黄鳝地蒲汤。在农村把瓠和葫芦统称地蒲，瓠是长条的，葫芦大都是瓢状的，将黄鳝与地蒲同煮，一荤一素搭配，确实有点特别，但做法很简单。把洗净的黄鳝剪成寸许的鳝段，先焯一下，汤水沉淀后备用。将鳝段上的滑泥冲洗干净，地蒲切成方块，材料一并入锅后加入备用的汤水，再加一点咸肉片、大蒜、生姜、黄酒，文火慢煮，烧开后调咸淡，并加入明油，烧至鳝段脱骨即成。烧这道菜的关键就是一定要把焯水的汤回用，即便是不加地蒲的黄鳝煮汤也要这样做。海盐乡村的一些小吃店大都会做这道菜，野生的黄鳝肉质结实，味道更鲜，但嘴刁的食客还是不放心，点菜时一定要问清黄鳝汤是怎么烧的，如果方法不对，宁愿放弃。曾经在城里的饭店点了鳝筒汤，还特别交代了烧制的方法，但还是不放心，到厨房一看，鳝段已在油中炸好，焯水的汤全部倒了，好好的食材就这样被糟蹋了。做好的鳝筒汤，肉是硬的，汤是腻的。亲眼见过一些厨师做黄鳝汤，鳝段开了好看的花纹，并下油锅炸过，尽管做得很花哨，但中看不中吃。我得到过渔民传授的诀窍，会做黄鳝地蒲汤这一拿手菜，偶尔帮别人烧菜。烧黄鳝汤比较费时，往往先烧先上，等到一桌菜做好，黄鳝地蒲汤早已碗底朝天。看到这种结果，不用问已经知道，这道菜深受欢迎。黄鳝的鲜味与葫芦的甜味相互调和所形成的味道，鲜而不腻，清香四溢。

　　许多人喜欢到农家乐吃饭，寻找的就是乡间美食，许多菜不入菜谱，但做法特别，味道独特。海盐长山河村有一家小饭店，地处偏远，但众多食客慕名前往，如果去晚了不是没有座位就是菜卖完了。做的都是乡间的土菜，吃过的人都说味道正宗。我曾经也去过几次，吃过那里的黄鳝地蒲汤，标准的民间做法，还吃到一道昂刺鱼蒸咸鸭蛋，味道特别鲜美，后来在家里试验了几次，实践证明这是一个经得起验证的配方。不管用什么方法做昂刺鱼，与咸鸭蛋一起做都好吃。民间做菜的方式就是简单实用，虽然缺少花式，但经过长期的实践积累，经得起品味。所谓美食，就是吃前有期待、吃后有回味。

江南寻味记
JIANGNAN XUNWEI JI

八大碗

　　溆浦的八大碗很出名，据传是元代海运世家溆浦杨家的杨梓60大寿时的宴请菜，当时杨家后厨整理出8道寿菜，分别是花生、醋炒鱼、白斩鸡、东坡肉、红烧羊肉芋艿、韭黄炒肉皮、肉丝炒大蒜、老笋干丝。

　　花生是最常用的佐酒菜，而且具有长生长有、长命富贵的寓意。醋炒鱼在烹饪时，不仅要加香醋，还要加入韭芽段，韭芽的香味沁入鱼肉，醋起到提鲜的作用，这道菜闻着香、吃着鲜。白斩鸡要选用当地的放生土鸡，养殖的时间最好在6—12个月之间，土鸡皮薄、肉紧，烹调后香气扑鼻，味道鲜美。东坡肉烹制选择大块五花肉，用葱姜垫锅底，加上酒、冰糖、酱油，用文火慢炖1小时以上。红烧羊肉芋艿是溆浦最著名的美食，用大块羊肉搭配整个红梗芋艿，加入黄酒、酱油、红糖等作料煮成。肉丝炒大蒜是一道地方特色菜，最好选用当地种植的土大蒜和里脊肉。老笋干丝要选上好的淡笋干，泡发要到位，切丝要细，用高汤烹煮后有一股清香，在口中咀嚼，每一口都像是在咀嚼人生。

澉浦在宋元时期是重要的港口，往来的商贾多，达官贵人也多，自然对吃有更多的讲究。杨梓作为杭州路总管，家里少不了私房菜，即使到了今日，澉浦人说起美食总会提到杨梓，而且如数家珍，似乎流传至今的许多菜肴都是杨家所传，而澉浦人也确实普遍擅长做菜。曾经在澉浦镇政府食堂里吃过工作餐，烧菜的就是当地的一名中年妇女，菜的味道却非常可口，让人记忆犹新。或许澉浦人是得了杨家菜的真传，或许是对八大碗情有独钟，澉东村曾经专门开了一家名为八大碗的小餐馆，老板姓徐，也算是老相识，我曾经多次慕名前去品尝。老徐根据季节变通调整，专做应季的八大碗，人少时可以少点几道菜，人多时可以另外加菜，五六个人就直接点一套八大碗。老徐有空闲时，还会向食客讲八大碗的故事和澉浦的美食。几次光顾之后，我们俨然已成为老朋友。

其实八大碗不只澉浦有，在海盐非常普遍。在农村，几乎每家每户都有一张八仙桌，在过年时要烧一桌菜，基本上就是八个菜，红烧蹄髈、红烧全鱼、白斩鸡、红烧肉、油豆腐嵌肉、糖醋排骨、大蒜炒豆腐干、大白菜炒肉丝等，各个家庭根据自己的口味和人口的多少做不同的选择。红烧全鱼大多是"看菜"，也就是只看不吃的菜。春节期间招待客人，一般也做八个菜。红烧肉和油豆腐嵌肉是大锅菜，吃完了可以继续添加。随着生活水平的提高和食材供应的丰富，现在吃年夜饭和招待客人都会烧更多的菜，特别是河鲜、海鲜和牛羊肉，丰盛的菜肴常常是要摆满一桌的。

江南寻味记
JIANGNAN XUNWEI JI

家常红烧肉

　　红烧肉是人们最常吃的一道菜，普通家庭都会做，饭店也有卖，具体的烧法因地域不同会有差异，味道也各不相同。

　　红烧肉的最大特点是浓油赤酱。油亮酱红、香糯可口，让人十分喜爱。人们的口味不同，有的喜欢清烧，有的喜欢加辅料，但红烧肉不管怎么烧，都是咸甜味。最简单的烧法是将猪肉切成块，焯水后除去肉中血水，加水浸过肉，再加黄酒、老抽、盐和糖，大火烧开后小火煮至肉酥，即成。

　　现在副食品供应充足，人们随时可以买到猪肉，吃红烧肉很方便。改革开放以前，买猪肉要凭票，有钱也不一定能买到，更何况钱也不多，红烧肉难得吃上一回。特别是在农村，只有在卖了生猪或者过节时才会买一次猪肉。或许正是难得吃的缘故，总记得当时的红烧肉特别香。其实区别还真的存在。

当时养的都是二元猪，就是母系是地方土猪，比如说太湖猪，这种猪产仔多，母性好，深受农户喜欢，父系都是进口的瘦肉型猪，如杜洛克猪、长白猪等。经过杂交后生的猪，猪肉肥瘦相宜，但仍然肥肉较多。后来为了迎合消费者更喜欢吃瘦肉的需要，现在所饲养的大多为三元猪，即母猪也是杂交的，三元猪虽然瘦肉更多，但做红烧肉不如二元猪。红烧肉要想好吃，要选择五花肉，即肋条肉。位置不一样，肉的名称和品质也会不同，有肋骨的条肉称作上五花，肥肉相对较厚，没有肋骨的条肉称作下五花，才真正肥瘦相间，吃起来口感软糯。瘦肉多了吃起来很硬，俗称很柴。

做猪肉最有研究的人莫过于苏东坡了。公元1079年，42岁的苏东坡因乌台诗案被贬谪，之后到了黄州。当时羊肉贵而猪肉便宜，苏东坡的生活很拮据，于是只能选择买猪肉，专门研究猪肉怎样烧好吃，最终创造性地发明了一道经典名菜——东坡肉，并把自己的心得写成了《猪肉颂》："净洗铛，少著水，柴头罨烟焰不起。待他自熟莫催他，火候足时他自美。黄州好猪肉，价贱如泥土。贵者不肯吃，贫者不解煮，早晨起来打两碗，饱得自家君莫管。"虽然寥寥数语，但把烧肉的诀窍交代得明明白白：烧肉要少放水，用不冒火苗的虚火来煨炖，等待它自己慢慢地熟，不要催它，火候足了，它自然会滋味极美。

现代人做红烧肉的方法，既吸收了苏东坡做猪肉的经验，也有不少差别。东坡肉一般是将一大块肉用稻草扎起来烧，大多数人做红烧肉是将猪肉切成小块，有的人还喜欢与其他辅料同煮，常见的有霉干菜烧肉、黄花菜烧肉、春笋烧肉、萝卜烧

肉、盐齑菜烧肉，甚至还有黄鱼鲞烧肉。加辅料的好处，一是调味，咸的与鲜的同煮有提鲜的作用，二是让其吸收过多的脂肪。快餐店里还特别喜欢做柴扎肉，这也是红烧肉的一种。

从烧法上讲，东坡肉确实是最好吃的一种，曾经在上海的一家著名菜馆里吃到一道东坡肉，其烧制过程是下足了功夫，真正达到肥而不腻的境界。据介绍，烧制东坡肉时不要放水，只放黄酒和调料，用文火慢慢煮，这样才能慢慢卸下粗粝的肥腻，一边煮还要一边捞出渗出的猪油，前后要经过数个小时，最后还要放在蒸笼上蒸，这样做出来的东坡肉，香味浓郁、口感软糯、肥而不腻，即使是汤汁也是鲜香可口，用来拌饭就不用别的菜了。

家常红烧肉大多急功近利，在做饭的同时开始煮肉，煮的时间短，煮的火力用得也大，这样做成的红烧肉自然逊色很多，但也有例外，如果是做成春笋红烧肉，那又是另一种味道，特别是笋吸收了肉的味道后，更是鲜香。盐齑菜烧肉是海盐的特色菜，但只有在家庭中才能吃到，这种做法看上去不登大雅之堂，但鲜味十足，而且肥肉吃起来也不腻，咬起来富有弹性。霉干菜烧肉是绍兴的特色菜，海盐当地也常会烧这道菜，只是霉干菜的制法不同，烧出来的菜肴味道也不同。最好吃的自然是原产地的。记得有次坐绿皮火车，到了诸暨站就有霉干菜烧肉盖浇饭供应，虽然只是一餐旅途饭，味道却是相当不错，吃过一次就永生记得，现在的高速公路服务区也有霉干菜烧肉盖浇饭供应，但与诸暨火车站的相比就差远了。去长沙吃到的红烧肉是辣的，这是另一种味道。上海人做红烧肉喜欢先将肉炒一下，这样看起来油汪汪的，咬起来还有点Q弹。在家里做红烧肉，有时喜欢放一点豆瓣酱，能够获得特别的香味，也能够更好地达到肥而不腻的效果。

澉浦出美食，羊肉最著名

　　澉浦出美食，羊肉最著名。一到立冬，澉浦的街上就飘出羊肉的香味。

　　澉浦是个历史名镇，宋元时期成为重要的贸易港口，历来人杰地灵，可谓文化渊薮。与文化商贸活动相伴的还有特色美食，可谓名目繁多，味道独特，最出名的要数澉浦羊肉。说起澉浦羊肉，必须要提到杨梓这个人。杨梓是元代人，曾在澉浦担任杭州路总管，杨家作为海运世家，擅长港口贸易。杨梓有一爱好，他喜欢唱曲，在做官的同时，与朋友贯云石一起创制了海盐腔，同时还喜欢研究美食，据传澉浦羊肉就为杨梓所创。澉浦人冬季喜欢吃羊肉，这一习惯一直流传至今，许多年长的人一清早就到镇上的小餐馆吃羊肉早烧，点上一碗羊肉，或者羊脚、羊杂碎，再来一杯烧酒或者黄酒，喝着小酒聊着天，酒喝完了再叫碗面条，把羊肉汤倒在面中，面条也吃出羊肉的余味，这完全是一种"小资生活"。而冬季多吃羊肉确实有许多好处，据统计，目前溆浦的百岁老人有六位之多，居全县之首，其中有一位吴姓老人年过一百零五岁，还经常隔三岔五去溆浦镇上吃羊肉、临市面，让人十分佩服。

冬季吃过羊肉的人都知道，白天吃了羊肉，晚上睡觉全身温暖。平时吃羊肉主要把它当作美食，其实在无意中也起到养身作用。羊肉入药，早在《本草经集注》中就有记载，这是南北朝时南梁博物学家陶弘景编著的一部医书。据记载：羊肉性甘、温，入脾、肾二经，具有益气补虚、温中暖下和止惊安神的功效。中医认为脾主运化，运即转运输送，化即消化吸收，羊肉入脾经，具有补气的作用。肾主藏精，主水液、纳气，羊肉性温，入肾经，有暖肾补虚的作用。冬季吃羊肉，既可以开胃健脾，还可以温补气血，有利于促进血液循环，改善因阳气不足导致的手足不温、畏寒怕冷等症状。吃一餐羊肉，温暖一个寒夜。

溆浦人烹饪羊肉有许多讲究，除了加入去膻味的调料，还要加红枣、蜂蜜等。红枣味甘性温，归脾胃经，有补中益气、养血安神、缓和药性的功能。蜂蜜味甘平，归肺、脾、大肠经，有补中益气、润肺止咳、润肠通便等功效。加入红枣、蜂蜜二物，不仅调和了羊肉的味道，还调和了羊肉的效用，达到温补而不上火、升阳而润燥的效果，这种调味经验正是基于长期实践的积累。

光说不吃没有用，某日约了几位好友一早来到溆浦吃羊肉

早烧，走进羊肉餐馆，店内早已人头攒动，喝酒、吃羊肉、讲空头，热闹非凡，仔细一看，大多是上了年纪的人，三五人围坐一桌，一边吃羊肉早烧，一边话东长西短，其乐融融，生活无忧。

《黄帝内经》曰："故阳气者，一日而主外，平旦人气生，日中而阳气隆，日西而阳气已虚。"中医养生讲究天人合一，把寿命叫阳寿，只有养好阳气才能活下去。这些年长者跟着日出吃羊肉喝早烧，酒具有升散的力量，喝一碗酒把肝气打开，将羊肉的温补之气散到全身，一整天精神饱满，冬天身体温暖。他们不一定知道为什么冬天吃羊肉好处多，但他们切身感受到吃羊肉给身体带来的好处。

你看，羊肉、羊杂碎、羊血汤都上来了，香甜的味道早已让人垂涎欲滴，享用一下溆浦的美食吧，把温暖带进冬天，把乡愁留在记忆。

大头菜烧肉

一个开饭店的厨师，向我介绍了一道菜，名为大头菜烧肉。听到这个菜名，我就说吃过，也会做，但他却说我没吃到过，更不用说会做了，搞得很玄的样子。

大头菜是芥菜类中的一个变种，学名叫芜菁，长在地下的根茎呈圆球状，由此而得名。大头菜是海盐特产，种植历史非常悠久，古时称"芥"，在《澉水志》和《海盐县图经》中有明确记载，现在已经成为地方标志产品。海盐人喜欢吃大头菜，主要是吃腌制后的大头菜，未经腌制的大头菜有一股芥辣味，而且容易煮烂，腌制后咸中略带一点酸味，口味鲜美，而且久煮不烂，形态不变。大头菜可直接吃，早餐吃粥时配几片大头菜，清淡的粥变得有滋有味；大头菜肉丝汤几乎是下饭的保留菜；大头菜还可以与多种荤素类菜搭配小炒，为各种淡味的菜

大头莱

齐元

提鲜，却又不反客为主，让人"爱不释口"。

　　因为喜食大头菜，我对它可谓颇为了解，但厨师照例不相信我，一定要问我大头菜是哪里出产的。海盐大头菜的主要产地是武原街道的红益村，有两个种植品种，一个叫碧螺种，根茎较小，产量较低，但表面光滑，根茎肉质细腻；另一个叫瘪大种，因菜叶在中午时会有点瘪而得名，根茎较大，产量较高，但表面较毛糙，肉质略粗。大头菜在冬季腌制，先要削根，然后晒至叶边皱起，再把大头部分切成薄片，但又不是完全切断。接下来才是正式腌制，按照一层大头菜一层盐的顺序，放进大缸里叠好。腌制的第一天至第二天，每天翻缸两次，以后每天翻缸一次，腌制七天后把菜叶绕在大头菜的根茎上，形成完整的一团，然后逐个放入甏中并压实，有的还喜欢在甏的封口处放上少许辣椒，使口感更具鲜味。在封甏时再在最上层铺一层菜叶，并充分压实，甏中尽量不留空间。我老家在农村，曾经也种过大头菜，但腌制的方法不一样。大头菜切成分散的薄片后，白天在太阳下晒，晚上经霜打，晒至半干时用盐揉搓，然后装入甏中压实并封口，到了第二年夏天开封食用。用这种方法腌制的大头菜比较干硬，适合搭配其他食材做菜或者蒸熟后吃。开封后来不及吃容易变质，有时直接将其晒干，再用来烧肉，味非常鲜。厨师说烧肉的大头菜产于武原街道的城南村，腌制方式非常独特。菜茎全部切成薄片后腌制，存放到第二年冬天再拿出来，经太阳晒和霜打，晒可以脱水，霜打具有糖化作用，经过这样加工的大头菜用来烧肉才能获得与众不同的味道。

　　海盐的吃客都知道陈年的大头菜好吃，正如美食家袁枚所说，大头菜"愈陈愈佳。入荤菜中，最能发鲜"。腌制时间短的大头菜有一股涩味，买大头菜绝对要选陈年的。大头菜烧肉早就吃过，但厨师的说法我却是第一次听说。要做一道地道的菜，需要选地道的食材。厨师既然说得出来，不至于是道听途说，于是我要求他做一次这道菜。几个月后，他打来了电话，说终于买到了传说中的霜打大头菜，还特意买了一块黑猪的五花肉，专门做了大头菜烧肉，邀我品尝。陈年的大头菜有了更厚的香味，经过霜打后已经消去了涩味，甚至还有点甘甜，用清水泡开后烧肉，吸收脂肪后形成了一种香而不腻的味道。肉吸收了大头菜的汤色后变得黄亮而晶莹，无论是色泽还是香味都能勾起人的食欲。煮透的大头菜一入口，浓厚的香味便从舌尖上扩散开来，似乎是从久远的历史慢慢走来。

咸笃鲜

　　一个菜名不说食材，只说味道，显得很特别。咸和鲜都是味道，咸也暗指腌制的食材，但具体是哪种食材则不点明。笃的本义是指马行走缓慢，《说文解字》解释为"马行顿迟"，用在菜名中，似有笃悠悠的意思，也就是说，这道菜必须要慢悠悠地煮。

　　有的地方也把咸笃鲜称作腌笃鲜，比如安徽，其实相差不大，这里的咸指的就是腌制的食材。在徽菜中，这道菜的食材主要是笋和咸肉，两者一起煮汤。咸笃鲜也是上海的传统特色美味，常用的食材有咸猪手、金华火腿、鲜猪手、春笋、千张等。

　　菜名不指定食材，明显是别有用意，不用固定食材搭配，更在乎烹制的过程。在海盐有多种咸笃鲜的做法，最出名的就

数咸肉煮毛笋。海盐有山，山上栽了很多毛竹，到了清明，毛笋出土，或者顶着泥土暴露了踪迹，挖出来与咸肉同煮，这是春天的咸笃鲜。咸肉最好是自己腌制的，当地居民在冬季有腌咸肉或腊肉的习惯，腌好的肉还要在太阳下晒几天，这种咸肉不仅更易保存，而且吃起来更香。选毛笋也很讲究，大部分毛笋具有很重的涩味，吴家埭的毛笋是个例外，不涩还带点甜味。最好的毛笋是没有见过"世面"的，也就是还没有露土的，味道更鲜嫩。当然也可以用春笋做，春笋的口感比毛竹更好，纤维也更细腻。过了产笋的季节，还可以用别的食材做，常用的有莴笋、千张结等，做法大同小异。海盐人做的咸笃鲜有特定的食材，指的是咸猪手和鲜猪手同煮。所谓猪手就是猪的前爪，食客就是讲究，一定要把猪的前后爪分清，前面的称猪手，后面的称猪脚，猪脚做咸笃鲜当然也可以。猪爪肉少，以骨头、肌腱和皮为主，需要花很长的时间烹制，这个过程就称"笃"。咸猪爪好吃，但味太咸，影响口感，也影响健康，再加一只鲜猪爪，咸和鲜放一起笃悠悠地煮，熬出骨头中的鲜味和皮上的胶原蛋白，直到汤色变白，成为一道咸笃鲜，营养丰富、味道鲜美。某年去临安拜访一个朋友，在他的老家於潜吃中饭，朋友专门做了一道山里的咸笃鲜。一早从山上挖来雷笋，咸肉是上一年冬天自家腌制的，很早就开始文火慢煮，而后再放入暖锅中，下面点上竹炭，边煮边吃，锅中翻着气泡，还飘出缕缕香气，让人垂涎欲滴。经过长时间的慢煮，肥肉几乎煮烂，春笋吸收了油脂和咸味，咸淡适度，吃起来满口清香。曾经还吃到过黄鱼鲞煮鲜肉，用的也是咸笃鲜的做法。

　　腌制食品具有独特的风味，最初或许是出于保存食物的需要，现在冷藏保鲜技术已经全面普及，但人们仍然喜欢加工腌制食品，这类食品不仅可以直接做成菜肴，而且是重要的调味品。夏天做冬瓜汤时放几片火腿或者咸肉，调出的味道大不相同，超市有一款老坛酸菜方便面，主打用酸菜调味。咸笃鲜更在乎的是取材和烹饪的过程。吃的是一道传统家常菜，留在舌尖的是经过沉淀以后的美食记忆。

海盐天宝

　　海盐有一道名菜叫"天宝"，听菜名让人有一种云里雾里的感觉，其实这是用仔猪的睾丸和花肠做成的菜。

　　海盐在历史上是个农业县，一直有养猪的传统。改革开放以后，养猪业迅猛发展，海盐一时发展为养猪大县。仔猪出售前一般都要经过阉割，即把公猪的睾丸和母猪的卵巢摘除，阉割后的仔猪失去繁育能力，生长速度更快，肉质也更好。

　　兽医在阉猪时会得到睾丸和花肠等副产品，在猪少的年代，一天阉不了多少猪，如果自己喜欢，就把副产品带回家煮了吃，不喜欢就送人。我学过兽医，过程中跟着师傅学习阉猪，阉猪得来的睾丸和花肠，师傅不舍得扔掉，带回兽医站后就做成菜吃，还美其名曰"头刀肉"。起初我并不理解，这与头刀肉有什么关系，思考了很长时间终于恍然大悟，阉猪是猪吃的第一刀，割下来的自然是头刀肉。

参加工作后没有做兽医，但喜欢到兽医站去聊天，经常看到他们在烧头刀肉，或许是出于职业的便利，或许做兽医的都喜欢吃头刀肉。后来养猪业大发展了，阉猪时得到更多的头刀肉，自己吃不完就拿出去卖，饭店里也就有了这道菜。

海盐人把猪的睾丸称作猪卵子，在饭店里做成菜，名为红烧猪卵子、猪卵子汤、白灼猪卵子等。但猪卵子这个名称听起来实在是不雅，于是有人给它重新取了"天宝"这个名称。这个名称是谁取的已无从查考，其实不管是谁取的名，被认可才是硬道理。"天宝"的知名度在海盐还真是很高，只要有人说出这个名称，听的人都能意会，大概这真是上天赐给海盐的宝贝。

据说这道菜因具有滋阴壮阳的功效而深受欢迎。国人有个观念，所谓吃啥补啥、药补不如食补，大多人喜欢吃这道菜，既有受美味的吸引，也有对食补的追求。我曾经做过一次测试，一车人外出回来，便到康得饭店用餐，我特地点了红烧天宝和天宝汤，菜上来后专门问大家"天宝"是什么。大家冲我笑而不答，瞬间我就明白，真是多此一问。一会儿工夫，两盆"天宝"被一扫而空，事实证明，"天宝"在海盐的接受度名不虚传。

说起康得饭店，就是以做"天宝"而出名，第一次是学兽医的校友带我去的，他曾经在元通工作过，而那里曾经也是养猪最多的地方。"天宝"作为养猪的副产品被饭店开发成一道名菜，而吃"天宝"的人也是从四面八方赶来。看到这种场面，

真是觉得奇妙。康得饭店清洗和加工"天宝"又特别用心，这道菜吃起来既嫩又鲜，价廉物美，确实讨人喜欢。其实"天宝"在海盐相当普及，许多饭店有这道菜，烧法也各异，有红烧天宝、白灼天宝、葱煸天宝、天宝汤等。当地农业农村局的食堂里也有这道菜，大概是近水楼台的缘故。食堂的厨师把"天宝"做得很出名，有幸跟着一位老朋友多次品尝。后来也经常到康得饭店吃"天宝"，从老店一直吃到新店。自从生猪禁止散养后，"天宝"这种副产品在当地已经很少了，虽然饭店里仍然保留了这道名菜，但食材大多是冷冻的，而且菜的量也少了许多，看来一道菜的兴衰与一个产业的兴衰是紧密相连的。

手抓羊肉

1995年援藏，来到西藏那曲，第一次吃到手抓羊肉。

1995年5月底，从拉萨出发，进入那曲的地界，公路边的一顶大帐篷迎接我们的到来。刚下车，当地领导就献上了哈达。走进帐篷，桌上放了羊肉、牛肉、拉拉、人参果等食物，这是西藏最隆重的礼节，迎接客人从进入地界开始。

羊肉和牛肉都是白煮的，而且是很大的块，桌上没有筷子，让人无从下手。看着我们光坐不动，接待的工作人员挑了一块羊排递了过来，同时还递上了一把小刀，原来这肉是抓在手里用刀割着吃的，后来知道这就叫手抓羊肉。

有点高原反应，坐着不太想动，也没有胃口，手里抓着羊肉，只是象征性地割了几片吃一下，除了味很淡，没有感到特别。一会儿，工作人员端来了酥油茶，并关照一定要喝，喝酥

油茶可以抵抗高原反应。酥油茶喝起来油油的，很不习惯，除此之外没有茶和开水，别无选择，只能硬着头皮喝酥油茶。桌子上还有一种植物根茎类食物，小指大小，吃起来微甜，似乎更适合自己的胃口，问藏族人这叫什么，被告知这叫"人参果"，一种从来没见过的食物，当时也没有百度，只记着一种味道和"人参果"这个名称。

到了那曲，这是一个新的环境。我住在武警中队，战士们每天做好饭菜，这里与家乡的饮食习惯没有多大区别。如果一定要说差别，就是高原沸点低，做饭烧菜要使用高压锅，做出来的饭菜味道要差许多。

上班几天后，藏族县长邀请我去他家做客，招待客人的就是手抓羊肉和酥油茶，当然还有糌粑，原来这就是藏族人的饮食。县长告诉我们，羊排略带一点肥肉比较好吃，羊腿虽然全是瘦肉，但肉质偏硬。后来有一次去内蒙古，在草原上有烤羊肉吃，我问同事们吃羊腿还是羊排，他们都说吃羊腿，他们没有吃过草原上的羊肉，不知道哪个部位的好吃。我提议烤羊腿和烤羊排各点一份，等到他们尝过烤羊排，便放弃了烤羊腿，这就是舌尖的选择。

到了9月份，那曲召开盛大的羌塘恰青赛马会，县政府在草地上搭起了最大的帐篷，并煮了很多的手抓羊肉。羊肉剁成大块，放在大锅中，再放点白酒，煮熟以后就可以食用，非常简单，不放其他调料，也不蘸盐或其他作料，吃的就是原味。大概这就是主食与菜肴的区别，而藏族人爱喝的酥油茶却是放盐的。还有曾经吃过的"人参果"，它的学名叫蕨麻，是蔷薇科委陵菜属多年生草本植物，根部膨大，含丰富淀粉，具有防治贫血和营养不良的功效，藏族人更喜欢将其做成甜味食品来招待客人。

进入秋天，草原上的羊是最肥的，县畜牧局送来了两头活羊，这下可好，八名援藏干部都没有宰过羊，不知道如何是好，问了当地的干部，他们有没有会宰羊的人，回答说是没有的，可以帮我们到街上去找。最后找来一个人，他手里拿着一根绳子，腰上别了一把刀。这就是宰羊的人，真让人难以置信。问他宰一头羊多少钱，他却问羊的内脏要不要。处理内脏有点麻烦，再说两头羊一下子也吃不完，就告诉他内脏不要了，他说这样就不收钱了。原来宰羊的人只要挣一副内脏就足够了，后来干脆把羊头也送给了他。

吃过了草原上的手抓羊肉，这次又看到了草原上如何宰羊。只见他在地上一坐，用脚夹住羊的脖子，然后用绳子绑住羊的嘴巴鼻子，再点上一支烟，一边吸烟，一边等待，一支烟吸完，解开绳子，开始剥皮、开膛，羊血都留在胸腔中。取出羊肠除去里面的杂物，然后把血灌入其中。原来在草原上杀羊是如此简单，宰羊的人得到内脏主要是为了做血肠，这在藏族人看来就是难得的美味，而我因目睹了羊肠不洗的过程，从此不敢吃血肠。

我们做羊肉的习惯与草原不同，放料酒、酱油，还有香料，做成一大锅红烧羊肉，吃的是家乡的口味。藏族县长似乎有点担心，不知道我们会把两头羊处理成什么样，过来一看，已经做成了红烧羊肉。这种做法在高原上可谓绝无仅有，我们

就请他品尝一下。味道鲜美，但无法作为主食吃，因为咸味太重。草原上煮羊肉不放盐，作为主食食用刚好，道理就在于此。当然，藏族县长也不忘建议我们做手抓羊肉，毕竟是草原上的羊，品质非常好，离开那曲后就很难吃到了。

虫草炖鸭

星期天一早，朋友打来电话，说是有几根虫草，想请我过去做一锅虫草炖鸭。虫草就是冬虫夏草的简称，一听到这个消息，我精神大振，并告诉他买一只好一点的鸭子，再买点咸肉、笋尖及姜、葱等配料，其他的事情全部交给我来办。

虫草炖鸭是西藏的一道名菜。在西藏那曲工作时，当地人告诉我一句话，"虫草鸭子、贝母鸡"，意思就是冬虫夏草炖鸭、贝母炖鸡味道最好。那曲是全国著名的虫草产地，所产的虫草个大色黄，品质最好。去西藏是在1995年，当时在华东地区很少有人认识虫草，在学中药学时，老师曾经讲到冬虫夏草这味药，介绍说冬天是条虫子，夏天是棵草，但我怀疑当时老师没有见过真实的虫草。5月份来到那曲，没有冬虫夏草的任何信息，6月份刚好到拉萨出差，半路上司机总会停车让大家休息。在回程休息时，四五个藏族男孩围了过来，有的手里拿着烟盒，我开始以为是贩卖香烟的，没想到从烟盒中倒出来的竟是虫草。一条小小的

虫子，头上长着一根草，原来这就是冬虫夏草，这是我第一次见到传说中的冬虫夏草。其实虫是真的，所谓草，其实是一种麦角菌科真菌寄生于虫草蝙蝠蛾幼虫后长出来的有柄的子座。

看到虫草，觉得十分稀奇，问他们怎么卖，他们说是一元钱一根。虫草是不是卖这个价，自己根本不知道，只想买一点回去做样本。一元钱一根很好计算，请他们把虫草全部拿出来，结果最多的只有十几根，少的才几根，总共也只有三十多根，不管是断的还是小的，全部买了下来。同行的人看我在买东西，觉得很好奇，问我在草原上有什么东西可买，我说遇到了冬虫夏草。围过来一看，噢，这就是冬虫夏草？同样很惊奇，估计在来西藏之前有人向他们介绍过，只是他们从来没有见过。如果没有当面介绍，放在眼前也不一定认识。虫草是刚挖出来的，胖胖的、黄黄的，看起来特别上眼。回到那曲后放在牛粪炉上烤干，放在桌上每天看着，但不知道如何使用。

冬虫夏草是一味名贵的中药，归肺、肾两经，具有补肾益肺和止血化痰的功效。曾经看到报道，冬虫夏草在日本和东南亚很受欢迎，常作为保健品使用。那曲当地人介绍说，可以做虫草炖鸭，既好吃又营养，只可惜在那曲买不到鸭子。那曲的平均海拔有四千五百多米，特别是晚上气温很低，当地养不了鸭子，藏族人也不吃鸭肉。看着桌上的虫草，只能"画饼充饥"。昆虫虽然可以食用，但只要想起它们蠕动的样子，心里总是有障碍。干燥的虫草体硬饱满、色泽黄亮，确实与众不同，既然可以炖鸭吃，当然也可以直接吃。经过烘烤的虫草，与大多烘焙食品一样，有一股诱人的香味，拿起来放在嘴里一嚼，犹如

吃炒黄豆，爽脆、微甘。

到了七八月份，办公室的同事很神秘地告诉我，他有个牧区的亲戚带来了一些虫草，问我要不要买，原来这时才是虫草的上市季节。既然虫草已经上市，当然要买，问他卖多少钱一斤，他说一千五百元一斤，这就是1995年虫草产地那曲的价格，如果有心要还一下价，每斤还可以便宜一二百元。卖虫草的人没有秤，而我同样没有秤，藏族人家里也很少有秤，想买虫草还真不容易，后来总算在食堂里找到了一杆秤。刚买的虫草，沾满了泥土和牦牛毛，这些都是无用的杂质。虽然会有一点损失，但买到的虫草却地道纯正。经过清理清点，一斤干净的虫草有一千五百根左右，平均每根就是一元，非常巧，这与半路上买的虫草价格一致。后来再买虫草时如果找不到秤，就用点根数的办法，简单实用，解决了难题。

到了9月份，那曲每年要举行赛马节，各地的慰问团纷纷前往那曲开展慰问，每次接待时饭店里总会上一道那曲名菜"虫草炖鸭"，估计是提前从内地采购了鸭子，这也让我有幸第一次吃到这道名菜。全鸭加三五条虫草煲成汤，用料很简单，味道很鲜美，只是慰问团的人大多有高原反应，再好的菜也没有胃口。

休假回来后，买了鸭子，自己亲手做虫草炖鸭，再加几片咸肉、几根青笋干，文火慢炖，到了鸭肉脱骨即可出锅食用。没有了高原反应，又加了辅料，舌尖更能感知这道菜所呈现的鲜香和与众不同。带回的虫草送给亲戚朋友，告诉他们可以做虫草炖鸭，汤鲜肉香，特别美味。事后却有人告诉我，这道菜有一股药味，很难吃。我问他放了多少虫草，他说放了一盒，那是有几十根了。虫草本来就是做药的，一剂药也不会放这么多，我只能怪自己没有交代清楚。还有人告诉我，放着的虫草全部变成了粉末，是啊，冬虫夏草菌本来就是活的，到了一定的时间就会生长和繁殖，这又是我犯的错误。高原本来就是个寒冷的地方，储存虫草一定要冷藏，放在冷藏室就如放在高原上。

　　若干年后，手里已经没有了虫草，再煲老鸭汤时，从此找不到曾经的味道。朋友约我做虫草炖鸭，这不是天赐的良机吗？把鸭子剁成块，在开水中焯过后洗净，重新置入锅内，加入五六条虫草，如果虫草较大，放三条就足矣，再加辅料，文火慢炖，出锅前再放入葱段。非常简单的做法，唯一的秘诀就是要放虫草。现在的虫草价格昂贵，一条虫草的价格就超过好几只鸭，一般人也舍不得买，即使家有虫草也不舍得用来炖鸭，但这是一道无法替代的美味。曾经慕名去杭州食用张生记老鸭煲，张生记老鸭煲无论从选材到烹饪都十分讲究，味道也堪称一流，但与虫草炖鸭相比仍然逊色不少，过重的油脂、偏重的口味，既压制了鸭的原味，又失去了汤的美味。

　　一大碗虫草炖鸭上桌，关照食客们一碗汤，再加两块鸭肉，慢慢尝、用心品。大碗中还飘着几根虫子，起初有人还有点不解，菜中吃出虫子，那是要退菜的，但这道菜与众不同，名曰虫草炖鸭，必定要用到冬虫夏草这味食材。当一小勺鸭汤入口之时，才发现这是一种从未遇到过的独特鲜味，而炖这锅汤却是不用一点味精或鸡精等调味品，也没有放一点盐，咸肉和青笋干的咸味刚好引出鸭子的本味，虫草中的菌丝和蛋白质调理出所有食材的鲜味，而葱段只是起到了点缀的作用。

白斩鸡

　　白斩鸡是讨人喜欢的一道大众菜，从百姓人家到著名餐馆，都会做这道菜，清人袁枚在《随园食单》中称之为白片鸡。他说："鸡功最巨，诸菜赖之……故令领羽族之首，而以他禽附之，作羽族单。"单上列鸡菜数十款，蒸、炮、煨、卤、糟的都有，列于首位的就是白片鸡，说它有"太羹元酒之味"。白斩鸡原汁原味，皮爽肉滑，大筵小席皆宜，逢年过节必备，深受食家青睐。

　　在农村生活过的人都知道，农村的鸡都是散养的，买来苗鸡或者自己孵化，从小鸡开始饲养。苗鸡的公母很多难区分，但农户并不在乎，母鸡养大了下蛋，公鸡养大了杀了吃，当然还有更考究的，对公鸡要阉割，这叫阉鸡。阉鸡长得更大，肉也更多。这些散养的鸡数量不是很多，时常三五成群地在房前屋后觅食，母鸡刚下完蛋便"咯嗒、咯嗒"地从鸡窝里走出来，公鸡时常昂着头"喔喔"鸣叫，如果村庄里走进一个陌生人，往往引得土狗汪汪乱叫，这便是鸡犬相闻的场景。农村散养的鸡城里人称为笨鸡，或者草鸡，只有这种鸡做成的白斩鸡味道才最鲜美。现在农村经过村庄搬迁后，养鸡的已越来越少。专业的养鸡场将鸡集中关在一起，吃的是配合饲料，生长速度很快，通常只要40—60天就出栏售卖了，养得时间长的也只有90天左右，这种肉鸡虽然肉很嫩，却缺少天然的香味和嚼劲，与散养的笨鸡根本无法相比。

白斩鸡的由来有一定的历史，据说是始于清代的民间酒店，因鸡本身具有较强的鲜味，在烹饪时不加调味白煮而成，所以叫白斩鸡，也叫白切鸡，一般是提前烧好，随吃随斩。广东人喜欢用三黄鸡烧白斩鸡，这种鸡脚黄、皮黄、嘴黄，烧熟后色泽金黄、皮脆肉嫩，滋味异常鲜美。

农村虽然养鸡，平时却难得吃鸡，只有家里来了亲戚，来不及买菜时才会杀鸡，过年时则每家每户都要杀鸡。烧鸡的事一般都由父亲来做，他自己总结了一套方法：先将水烧开，然后将开水往鸡腹中灌两遍，再入锅烧15分钟，这样烧制的鸡不会有血水。其实农村自家放养的鸡是最鲜美的，不管怎么烧，味道就是特别好。烧熟的鸡待冷却后，将其斩成小块蘸着酱油吃。

白斩鸡是饭店里必备的一道菜，大饭店里的白斩鸡卖相很好，但大部分味道一般，关键是没有好的食材。有一次去广州，听说白切鸡是粤菜的传统名菜，肯定不能错过。端上来的白切鸡是一道冷菜，选料是三黄鸡，切得很整齐，吃起来很

嫩，但味道不过如此，好在调料考究，但最后这盆白切鸡还是没有吃光。一道菜的味道好不好，每个人心中都有数，菜上桌很快就碗底向天，肯定味道很好。农村小饭店里的白斩鸡看起来样子一般，用的却是纯正的放养鸡，我正是冲着这一点，喜欢到乡下寻找美食，当然点菜时还得亲自看一下用的是不是放养的鸡。好吃的白斩鸡选料很重要，最好是6月龄至1年的母鸡，公鸡的肉比较硬，阉鸡的肉比较柴。现在想买到放养鸡已十分困难，农户养得不多，也不舍得出售。所谓放养鸡是把未及长大的鸡在空间大的地方养一段时间，使其增加活动量罢了。有的饭店自知买不到放养鸡，就玩了一个概念，打起"走地鸡"的招牌，这种鸡比养在笼子里的速成鸡自然要好一些，但终究比不上放养鸡的味道。

白斩鸡的烧制方法还是很有讲究的，同样品质的鸡，不同的厨师烧出来的味道完全不同。曾经听一个厨师介绍，烧白斩鸡要讲究程序，先要将清水烧开，然后将鸡放入开水中泡一分钟，再在冷水中泡一分钟，如此反复三次后，把鸡放入锅中烧开，最后停火焖半小时，出锅后再用纯净水泡一分钟，这样烧出来的鸡皮很脆，而且皮下带冻，吃起来味道更好。当然，鸡肉的调味同样十分重要，淡的鸡肉吃起来缺少鲜味，只要加入盐马上就有鲜味。但烧白斩鸡不放盐，而是用酱油，所以选择咸淡适中的酱油很重要，太淡了鲜味不足，太咸了同样影响鲜味。调料的运用，粤菜更加讲究，有的饭店会用熬熟的虾子酱油蘸食，自然也为白切鸡增鲜不少。

爆炒鳝丝

爆炒鳝丝是一道典型的江南菜，吃起来外松内酥，满口鲜香。

江南农田阡陌、河港密布，黄鳝在农田和河道中都有生长。春天花草田翻耕后，突然来了几只小木船，停在通路的河边，船上放了许多捕黄鳝的笼子，这种笼子俗称湾篓，用两节圆筒状的笼以直角的形态连接起来，其中一节的两头都有进口，另一节的一头有个盖子。到了傍晚，把黄鳝笼架在一个长竹竿上，挑着放在田野中，到了早上一个个收回来，打开一头的盖子，把黄鳝倒出来。捕黄鳝的方法很多，有经验的人喜欢钓黄鳝，用钢丝做一个钩子，装上蚯蚓，找到有黄鳝活动的泥洞，插入钩子，一会儿就把黄鳝钓出来了。而我用的是最土的办法，晚上提一盏灯，沿着田岸寻找。在晚

上，黄鳝和泥鳅喜欢从泥土中钻出来，栖息在水中一动不动，人们看到了用钳子一夹就抓到了。

黄鳝的吃法很多，小的黄鳝，大多人喜欢做成爆炒鳝丝。野外抓到的黄鳝大小不均，卖黄鳝的人经常将小的黄鳝拣出来划成鳝丝出售，小黄鳝俗称笔杆黄鳝，划鳝丝是最适合的。以前在菜场里现划现卖的鳝丝，买回家洗一下就可炒食，现在野生的黄鳝很少见了，养殖的黄鳝大得多，但缺少鲜活的口感，做成鳝丝反倒不好吃。现在去饭店吃饭，偶尔也会点一盆爆炒鳝丝，但每次都是大失所望。食材选的是养殖的黄鳝，鳝丝很粗，炒得又很硬，根本吃不到传统的美味。

19世纪中叶，海盐天宁寺有一家名为小洞天的餐馆，有一道"烂糊鳝丝"的菜非常出名，选用笔杆黄鳝做食材，爆炒的功夫恰如其分。油锅加热至冒青烟时鳝丝入锅，炒至呈焦黄色时起锅，这时的鳝丝外焦里嫩，沥去油分待用。另起炒锅调上黄酒、酱油、红糖等作料炒匀，倒入刚爆好的鳝丝，迅速用湿淀粉勾芡，起锅盛盆，再把事先已准备好的各类配料立即堆放在鳝丝四周。再用锅勺在鳝丝中间掏一小坑，放入少量蒜泥，撒上白胡椒粉，最后将沸腾的熟猪油泼入盆中，高温将蒜泥及四周的青椒丝、姜丝、火腿丝、笋丝等香味激发出来。端到食客前时，"嗞嗞"的响声、浓郁的香味充彻店堂。食客们低头一看，乌黑发亮的鳝丝环绕白色的蒜泥，鳝丝四周点缀着红色的火腿丝、绿色的青椒丝、黄色的姜丝、粉红的虾仁、白色的鸡丝、黄绿的笋丝，丝丝细如线，根根码放整齐，仅看一眼就食欲大开。下筷将盘中菜稍加拌动，一道原本用了重油的菜品在蒜泥、青椒丝、姜丝、鸡丝、笋丝、虾仁的补充下，少了油脂味。鳝丝入口鲜香，咀嚼微有弹性，这才是让人难忘的传统美味。

爆炒鳝丝的关键，一是要选用野生的毛黄鳝做食材，养殖的和太大的黄鳝都不好吃；二是爆炒的功夫，炒得太硬肯定失去了美味；三是适当的调味，白胡椒粉是少不了的调味品。现在因为黄鳝偏贵，许多饭店在做这道菜时加了许多洋葱，似乎要从洋葱中获得香味，其实是让鳝丝失去了自己的香味。

舌尖一饱口福。青椒丝、姜丝、笋丝的爽脆，让牙齿享了清福。蒜泥、胡椒粉的微辣刺激了味蕾，鳝鱼香、火腿香、蒜香让嗅觉也得到了满足。立体的味道总是让人难忘。

一种食材在行家手里至少有三种变化。如果鳝鱼比较大，只适合做鳝鱼片。"三分炉子，七分墩子。"从鲜活的鳝鱼到去骨除皮加工成鳝片，仅要几分钟的时间。活杀鲜嫩的鳝片，与笋片快速结合炒制，荤鲜与素鲜一起释放出极致的滋味。选择较小的鳝鱼，彻底清除黏液，加入火腿肉、笋尖等配料，慢火熬制，经过时间和火候的考验，清醇鲜香的黄鳝汤内凝聚了丰富的营养。这是一道功夫菜，因此预订才能吃到。如果有一天你去一家餐馆，发现鳝鱼汤上面飘着几星菜油，下面汤底浑浊，这是加了菜油、鳝鱼的黏液清理不彻底、火候不到家的缘故，小洞天的菜馆是不可能出品这类急功近利之作的。

炒牛肉丝

吃过许多炒牛肉丝，不过说实在的，难得有做得好吃的。

去饭店吃饭，一般不敢点炒牛肉丝，就是怕炒得太老。大饭店的厨师水平比较高，炒出来的牛肉丝确实很嫩，但大多有一个坏习惯，喜欢用明油，看起来很亮，吃起来有点油腻。小饭店的厨师水平参差不齐，大多数炒得太老，难得有炒得既嫩又香的。海盐曾有一家土菜馆，听别人说那里的臭鳜鱼做得很好吃，冲着这一道菜经常光顾。臭鳜鱼是徽菜，第一次去安徽时还不敢吃，眼看着一盆臭鳜鱼很快被人抢光，才意识到臭鳜鱼很不一般，晚上用餐时还是上了臭鳜鱼，这一次我赶快下箸，一尝果然与众不同。土菜馆的老板还向我推荐香菜炒牛肉丝，这是没吃过的菜。一直以为香菜是用于调味的，居然可以搭配来炒牛肉丝，不管怎么样，有必要品尝一下。当地常规是用大蒜炒牛肉丝，用香菜炒牛肉丝比较少见，品尝以后觉得配菜很新颖，但炒得偏老，后来又试了几次，还是一样，看来炒好牛肉丝确实有点难。海盐还有另一家土菜馆，据朋友介绍，不仅土菜做得很地道，而且大蒜炒牛肉丝做得很好吃，于是又慕名前去品尝，一试果然不错。有一家饭店做大头菜炒牛肉丝，大头菜是本地的特产，一般用于烧汤，也可以做小炒，但很少用来炒牛肉丝，出于好奇，还是点了一盆，一品尝却发现了问题，牛肉丝是用嫩肉粉腌过的，虽然吃起来很嫩，但不是我要的味道。

在很长一段时间，自己是不敢炒牛肉丝的，一炒肯定变老，但又不想放嫩肉粉。直到有一天，一位老同志与我聊天，专门介绍了烧菜的体会，特别告诉我炒牛肉丝很简单。他说："首先要把牛肉丝在清水中泡两个小时以上，然后要控制好油温。"这是大饭店厨师教给他的方法，听了介绍，第二天就在家里试验。提前将牛肉丝在清水中泡两个小时，烹炒前控干水，炒锅烧干水倒入植物油，这时油温刚好，大约是三分热，立即倒入牛肉丝，翻炒几下，随即加入切成段的大蒜翻炒，再加黄酒和盐调味，至大蒜熟即可出锅。这道菜牛肉丝鲜嫩、大蒜清香，吃起来非常可口，在烹制的过程中几乎不用加水，秘密就在于此。牛肉丝经过浸泡后，吸收了大量的水而变得松软，炒制时有大量的水渗出，从而带走了部分热量，大概这是控温的一种方法。用这种方法炒牛肉丝，既容易掌握，也不会把牛肉丝炒老，从此以后，对炒牛肉丝就有了十足的把握，餐桌上也经常出现大蒜炒牛肉丝这道菜。

烹制牛肉的方法很多，我最喜欢的有两种，一种是煮牦牛肉，牦牛肉的品质特别好，只要用最简单的方法烹饪就可以了；另一种是大蒜炒牛肉丝，烹饪方法简单，味道既香又纯正。

糖醋排骨

糖醋排骨是一道传统名菜，在海盐流行久远。

平时去饭店用餐，大多能吃到糖醋排骨这道菜，酒席上也常常出现糖醋排骨。吃到这道菜，年长一点的人往往会发出深深的感叹：好久没吃糖醋排骨了，以前最喜欢吃这道菜。

糖醋排骨是典型的浙菜，流行的地域很广，除了浙江本土，在上海、江苏都能吃到，这也说明糖醋排骨非常受人欢迎，但各地的做法并不相同。烹饪糖醋排骨的原料一般选用仔排或肋排，排骨先要洗净并除去血水。第一步是炸排骨，但做法不尽相同，有的喜欢生炸，事先将排骨用调料腌制20分钟，控水后下锅油炸至表面金黄色。有的喜欢先将排骨煮熟，然后再下锅油炸七八分钟。第二步是烹饪，用酱油、陈醋、白糖、淀粉、水及盐调好糖醋汁，在锅中烧开后倒入炸好的排骨，小

火焖十分钟，加入水淀粉勾芡，大火收汁，用锅铲调均匀后出锅盛盘。一盆糖醋排骨色、香、味俱全，红亮油润、醋香四溢、酸甜开胃。在江南的农村，糖醋排骨是一道过年菜，或许是制作比较费时，平时都不做，只有到了过年时，才会做起丰盛的菜肴，其中就包括糖醋排骨。在记忆中，年三十吃过中饭后，父亲就开始煮排骨了，这是农村的做法，与饭店的做法有所不同。煮透的排骨捞出控水，面粉中加入鸡蛋和水拌成糊状，将排骨倒入其中拌匀，然后下锅油炸至表面金黄。

炸好的排骨是半成品，待吃之时再加汤料烧制，这种做法的最大特点是表面裹了一层面粉。起初以为只有自己家里是这样做的，后来在走亲戚时，吃到的糖醋排骨都是这样做的，原来这是当地非常普及的一道菜。父亲在炸排骨的时候，还要炸"高粱肉"，就是把猪颈肉切成小方块，同样拌上面粉糊，再入油锅炸至表面金黄。猪颈肉以肥肉为主，平时没人爱吃，只有在过年之时，人们才特地买它做"高粱肉"。"高粱肉"这个名称也很特别，不是高粱做的菜，也不知道出于什么原因，但在海盐农村就是这么叫，而饭店里却没有这个菜名，只有温州有一种腊肉名叫"高粱肉"。而所谓"高粱肉"，其做法与咕噜肉相似，但咕噜肉选的是去骨的精肉，两者又不相同。

在澉浦有"八大碗"，过去海盐农村在春节招待客人也需要用上几个大碗，这些菜以鸡、鱼、猪肉为主。鱼只上一道菜，大部分情况是只看不吃，称作"看菜"，白切鸡同样上一盆，其他的菜主要靠猪肉做文章了，除了红烧肉或油豆腐烧肉，还变出了糖醋排骨、高粱肉、油豆腐嵌肉等花样。随着生活水平的提高，现在招待客人的大菜用到猪肉的反倒少了，牛肉、羊肉、海鲜和大量的时令菜都成为寻常百姓的家常菜，想吃糖醋排骨反倒成为不容易的事。难得吃一次的糖醋排骨，成为一种对古老味道的难忘回忆。

猪头冻

猪头肉在民间是深受喜欢的美食。

在街角的熟食摊上，总能找到卤猪头肉，匆匆下班的人喜欢买一盆，回家下酒或者就饭。猪头肉看似肥多瘦少，但吃起来香而不腻，味道独特，受人喜爱，只是清洗和烹制需要花较多时间，爱吃的人却总是贪图方便，大多选择买现成的熟食。

猪头是猪肉中最独特的一部分，在民间有"元宝"之称，也是在汉民族祭祀活动中常用的物品。在江南的农村，过年时有请土地、相太太的习俗，请土地就是祭神，相太太就是祀祖宗，除了鱼、鸡及水果、糕点外，猪肉是不能少的，考究一点的就会选用猪头作为祭品。祭祀活动结束后，把猪头做成猪头冻，刚好成为春节招待客人的一道美食。

猪头肉的做法很多，记得东北有一道名菜叫扒猪脸，就是将半个猪头放在焖罐内扒制而成，这种烹调方法，慢工精做，很费时间，猪头皮厚骨头大，不花时间不易煮烂。清代的美食家袁枚大概也是喜吃猪头肉的人，他在《随园食单》中专门记录了"猪头二法"，其中一法是猪头下锅用甜酒煮，放入葱三十根、八角三钱，特别强调要煮二百余滚，可见功夫之深。这些名吃我都无缘吃到，但对曾经吃过的猪头冻却是念念不忘。

在家乡，把猪头冻称作冻猪头或者冻猪头肉，这个叫法其实不正确，冻猪头可能是指冷藏食材，而不一定是一种菜肴，因为过去在农村没有冰箱，肉店里也不卖冷冻肉。猪头冻是童年时吃过的记忆最深的一道菜，过去农村收入低，平时不舍得买肉，猪头价格低，父亲会偶而买一次，特别是在冬季，做成猪头冻后吃好多天也不会变质。加工猪头冻的活自然由父亲干，猪头先要洗干净，特别是鼻孔和耳朵内有许多污物，要用小刀刮净，头上的猪毛很难拔净，时常要在煮熟后耐心地用夹子拔去，全部处理干净后重新下锅慢慢烧酥，然后把头骨拆去。猪耳朵和猪舌头取出来先吃，剔骨后的猪头肉中放入酱油、盐和调味料后煮入味，最后把猪头肉和汤汁装入容器中，冷却后便会结冻，这大概就是猪头冻的由来。

做好的猪头冻切成小长条装在盆中，肉和汤汁凝结在一起，既有肉的纹理，还有汤汁的半透明，吃起来既软又有弹性，就像吃果冻一样。在春节时招待客人，猪头肉一般是不上的，但做成猪头冻就不一样了，作为一种冷盘，深受大家欢

迎。其实平时也喜欢吃猪头冻，只是现在家里的炒菜锅太小，没法装下一个猪头烧制。偶尔在饭店里看到这道菜，就会点一盘，重温一下记忆中童年的美味。

葱油沼虾

　　江南是水乡，本来就鱼虾多，但前些年受水源污染影响，鱼虾慢慢变少了，同时出现了许多养殖鱼虾的专业户，沼虾就是养殖的鱼虾之一。第一次吃到沼虾是在东莞的一家大排档里，大厅两边放了好几排鱼缸，里面养满了沼虾。在点菜时还闹了个笑话，想点一斤沼虾，服务员却问几个人，一听我们只有3个人，只允许我们点半斤，原来沼虾是店里的特价菜，每斤只收1元钱，3个人及以下供应半斤，4个人以上可以点1斤。看到虾很多，就要求他在一个鱼缸中捞，服务员却说不行，那些虾不好吃，让人觉得很奇特。虾只在水中煮熟，然后蘸生抽吃，虾肉很细腻，酱油很鲜，就是这种最简单的吃法，令人难忘，也让人对沼虾刮目相看。

　　回到家里，看到菜场里卖沼虾，赶紧买了回家做菜，但吃出很重的腥味。同样的虾为什么会有如此大的差别，令人百

思不解。直到有一次，早上买的虾一直养到晚上才吃，突然少了腥味，才想起东莞那家大排档里的服务员说过的话。原来沼虾是人工养殖的，不在清水中养上一天，虾胃中的饲料还未消化，自然带有很重的腥味。

人工养殖的沼虾与天然生长的河虾相比，自然有很大的差别。河虾壳软且肉质鲜嫩，是江南最著名的河鲜之一，它对生长的水质要求极高，保证了自我洁净，却也常常受到伤害。因为这种特性，烹饪河虾常用盐水煮的方法，吃的就是新鲜和原味。沼虾达不到这种境界，在与朋友交流时，许多人就认为沼虾的味道不好，问他们什么不好，说是腥味太重、肉不鲜，其实我也有这种体会。白灼沼虾就是这样，有时味好，有时味差，关键就在于沼虾吃进去的饲料有没有养净。当然，调味也是一种方法，于是便用油爆的方法烹饪，自然多了许多香味，但还是觉得不够。想到了用葱油炒的方法，并专门取名葱油沼虾，但葱油沼虾与葱油鱼的做法不一样。葱油鱼是最常见的一道菜，大部分人都吃过，许多人也会亲手做，鲤鱼、草鱼、鲫鱼、鲳鱼、白条都可以做成葱油鱼。常规的做法有两种：一种是把鱼放在水中煮熟后，把葱切成丝状盖在鱼身上，然后浇上热油；另一种做法是先把鱼蒸熟，然后也是盖上葱丝浇热油。葱油沼虾的做法则是先用香葱熬制植物油，然后将沼虾下油锅炒，再加生抽、精盐、少许糖和水，煮十分钟左右，这样烹制的沼虾，香气诱人，色泽黄亮，口感鲜嫩，既保持了虾的味道，又赋予了其独特的香味。但这种方法厨师不愿意做，只能在家里自己做，后来介绍给不爱吃沼虾的朋友，终于改变了其对沼虾的偏见。

大横港的河蟹

大横港是海盐境内北部横贯东西的一条重要河流，东起沈荡镇，西至王店镇。大横港就在祖屋的后面，童年时代常在河里游泳和抓鱼，这条河的河面很宽，河水清洌，在20世纪70年代，除了鱼很多，河蟹也特别多。

河蟹俗称螃蟹，学名中华绒螯蟹，属于甲壳动物亚门，它不光在河道中生活，还喜欢爬到水渠和农田中，所以抓河蟹的方法很多。第一次见到河蟹是在刚上小学时，早上刚出门，走到渠道边就看到一只大河蟹伏在草丛中，腿上长了很长的毛，初看以为长的是刺。看到这等横行霸道之辈心生恐惧，还好母亲就在边上割稻，赶紧叫过来抓住。后来知道在水渠中经常有河蟹挖了洞钻在里面，上学的路上，眼睛专门盯着水渠看，洞口有一堆新挖出的泥土，还留着爪印的，就是河蟹的洞。有的

洞比较浅，用手一掏就抓到了河蟹；有的洞比较深，就在洞口塞一把草，放学回来时掏出洞口的草，河蟹就在洞口，这时的河蟹早已昏昏沉沉，有时闷的时间长了，河蟹就死了。到了星期天就拿着铁锹挖河蟹，从稻田的排水沟到渠道中，只要看到有爪印的洞，都能挖到河蟹。俗话说，"秋风响，蟹脚痒"，到了刮西北风的季节，大量的河蟹顺着沟渠往上爬，有的还来不及挖洞，直接伏在烂泥中，在芋艿田的水沟中，只要找到泥洞，用手一摸就是一只河蟹。这些河蟹都是从大横港中爬上来的，在河道中则更多，到了晚上，村里的人就在河边钓河蟹。所谓钓蟹其实很简单，抓几只蛤蟆剥了皮用线系住，另一头系在小棒上插在河边，大概蛤蟆的腥味特别重，一会儿河蟹就会爬过来吃食，钓蟹的人拿着手电不停地在河边巡查，看到了吃食的河蟹就用网兜捞起来。河蟹是渔场养殖的，过去在河道上有许多鱼簖，特别是在不同渔场交界的地方，都有鱼簖隔开，渔民就在鱼簖上抓河蟹。鱼簖用竹链做成，中间有竹闸，船可以通行，一侧搭有小的阁楼，有人住在里面专门管理竹闸，有客轮或轮拖过来，在很远的地方就开始鸣叫，管闸的人把竹闸压到水下，让船缓慢通过。鱼簖一侧的底下装有一个网袋，鱼游到这里受到阻拦就钻进了网袋里，管闸的人每天收一次鱼。到了秋天，性成熟的河蟹向河口与浅海交汇处的半咸水域洄游，到了鱼簖这个地方就被挡住了，爬着爬着就钻到网袋里去了，这时每天可以收获大量河蟹。

　　海盐地处钱塘江出海口，正是咸淡水交汇之处，江海中常有许多幼蟹，它们会逆流上溯至湖沼生长，在靠海或靠江的河道中常有河蟹生活。有一次听说在围垦后的湿地中可以钓河蟹，特地买了猪肝赶去，到了河边一看，钓蟹的人很多，有的正在用网捞蟹，赶紧找个空当投饵，守了一个多小时却没有动静，看样子这里的河蟹早已被钓得所剩无几了，但总有点不死心，钓不到河蟹就钓鱼。鱼倒是很多，都是小鲻鱼，但一会儿就出现了意外的情况，好像钩上了树枝之类的杂物，提杆很沉，没有游动的感觉，好在还能往上拉，等到拉出水面，竟然是一只河蟹，真是令人意想不到。想钓河蟹却钓不到，改成钓鱼后竟钓到了，接下来河蟹还连续上钩，有鱼有蟹收获不少。

上海人把河蟹称作"大闸蟹"，估摸着与过去渔民的捕蟹方式有点关系，过去渔场直接把蟹苗投放在河道中，捕蟹主要通过在鱼簖拦截，鱼簖也叫鱼栅，鱼簖上还有一个闸，栅和闸在吴语的方言中发音很相近，"大闸蟹"叫起来名称响亮，也受人欢迎。

河蟹非常鲜美，但吃起来非常麻烦，这等张牙舞爪之物，真让人无从下手，好在自童年起就抓蟹吃蟹，或多或少吃出了一点经验。清蒸河蟹原汁原味，最能吃出河蟹的鲜味，同时还要准备一份调料，用米醋、黄酒、生抽、姜末和少量的红糖混合在一起蒸熟。河蟹性寒，用姜末、黄酒调味，不仅能去腥，还能去寒。吃河蟹时，先把脐掰开除去，这样就很容易掰开背壳了，然后剔除腮、胃、肠和心，这些都是不能吃的，留下来的都可以吃了。母蟹有蟹黄，金黄油亮，公蟹有蟹膏，乳白胶黏，蟹黄、蟹膏长在里面，将蟹身中间折断后可以直接蘸调料吃，也可以扒下来吃，这是最香甜美味的部分，也最受人

喜爱。蟹身体部分的肉夹在骨头之间，许多人不会吃蟹，直接放在嘴里乱嚼一气，其实只要将蟹脚掰开，身体上的肉与骨头同时分出一片，拿着蟹脚在调料中蘸一下，吃起来十分方便。蟹脚和蟹螯中的肉味道最美，但吃起来最麻烦，秋天的蟹特别肥，想用嘴吸出来很困难，最简单的办法是把蟹脚一节一节掰断，然后用小的腿节插入大的腿节中用力一顶，肉就出来了，但蟹螯中的肉只能咬碎壳后取出来了。

为了方便吃蟹，古人专门发明了吃蟹的工具。明代有一个名叫漕书的人，最早发明了锤、刀、钳三件食蟹工具，后来逐渐发展到八件，人们称之为"蟹八件"，包括小方桌、腰圆锤、长柄斧、长柄叉、圆头剪、镊子、钎子、小匙。这是一套精细的工具，造型美观，光泽闪亮，精巧玲珑，使用方便，具有垫、敲、劈、叉、剪、夹、剔、盛等多种功能。食蟹分"文吃"和"武吃"，"武吃"就是随意地吃、快意地吃。一群人吃蟹，肯定是五花八门、花样百出。"文吃"就是要用"蟹八件"等食蟹工具，吃蟹的人把蟹放在小方桌上，用圆头剪刀逐一剪下两只大螯和八只蟹脚，将腰圆锤对着蟹壳四周轻轻敲打一圈，再以长柄斧劈开背壳和肚脐，用剪刀剪去腮、胃，用镊子除去肠和心，然后再用钎、镊、叉、锤，或剔或夹或叉或敲，取出蟹黄或蟹膏，取出雪白鲜嫩的蟹肉，一件件工具轮番使用，一个个功能交替发挥，即使河蟹的结构再复杂，也能吃得干干净净。

现在的大横港，已成为一条水上运输的黄金水道，河中的鱼箔早已全部拆除，渔民也已上岸，再也没有河蟹到处乱爬的场景，大横港的河蟹味道再美，也只能成为美好的记忆。

干锅鱼头

在东莞出差时吃到一道味美的鱼，菜名叫干锅鱼头，本色、清淡，标准的粤菜风格。第一天吃过，第二天还是想吃，有期盼、有回味，这就是美食。

饭店不大，来的大都是回头客，就连自己也做了回头客。做干锅鱼头用的鱼养在鱼缸里，样子像花鲢，但头特别大，身子又小又短，问服务员这鱼叫什么名字，回答说叫缩骨鱼。完全没有听说过。曾经在河里见过一种有病的鲢鱼，经常在水面不正常地游来游去，习惯称之为摇头鲢鱼，即使看到了也没人要。其实缩骨鱼的学名叫缩骨鳙鱼，俗称缩骨花鲢或者缩骨大头鱼，通过特亚低温物理方法处理后培育出来，成为鳙鱼的一个变种。鳙鱼是四大淡水鱼之一，生长快、产量高，但鱼刺比较多，大多数人只喜欢吃鱼头而不喜欢吃鱼肉，培育缩骨鳙鱼

正满足了市场的需求。干锅鱼头上来了，打开锅盖一股香气溢出。广东人做菜以清淡为主，因为砂锅中的汤汁已经烧干，所以称干锅，同时提升了菜的香味。锅的底部垫了一层冬瓜，有时是萝卜，但事先已经烹制，鱼头剁成小块，经腌制后油炸，具体怎么烹调，加了什么调料，只有厨师知晓。后来不去东莞了，但心里一直惦记着这道菜。一次去宜兴买紫砂壶，发现还有铁砂锅卖，勾起了自己做干锅鱼头的想法，买了铁砂锅，回家后又买了一条大花鲢，按照自己的想法做起了干锅鱼头。用面粉加鸡蛋、黄酒、姜末、盐和水拌成糊状，倒入剁碎的鱼头拌匀，腌制半小时，然后油炸到表面微黄，锅底垫上萝卜和大葱，放入炸好的鱼头，再用黄酒、老干妈辣酱、生抽、香醋和精盐兑制200毫升调料倒入锅中，上面放几片生姜和2个葱结，在煤气炉上烧开后文火烧15分钟。这样的做法显然与在饭店吃到的不一样，但同样味香肉嫩，三个人一会儿就把一锅鱼消灭了，甚至还有点意犹未尽。油炸后的鱼头表面形成了保护层，保持了鱼肉内部的鲜嫩，用干锅的方法炖煮以后，大葱的香味更浓，真是意想不到的效果。从中也受到启发，做菜可以就地取材，口味各取所需，烧鱼关键是除腥，虽然不一定能做出干锅鱼头的原味，但也能做出一道属于自己的佳肴。

　　某天与几位钓友钓鱼，竟然钓到了一条大包头，马上就想到了做干锅鱼头，向钓友们吹嘘这道菜的味道如何鲜美，并邀请他们一起品尝。回到家里，洗了鱼，开始做干锅鱼头，等到钓友放下渔具赶来，鱼头已经做好，打开锅盖，鱼香混合着葱香扑面而来，嘱咐他们先吃，我再炒两个菜。等到炒好菜，鱼头差不多已被吃光了，钓友还说难为情，没有给你留一点。做了一道菜，不需要自我表扬，食客的行动是真正的肯定，席间还让我介绍干锅鱼头的做法。过了一段时间，钓友们告诉我一个消息，说是他们现在做干锅鲫鱼了，按照我介绍的方法做的鲫鱼同样味道香美，原来这几个人都是食精。钓鱼的人不一定喜欢吃鱼，就如自己一样，只是喜欢钓鱼，鲢鱼腥味太重，鲫鱼小刺太多，平时不喜欢食用，但也有例外情况，就如干锅鱼头，没有了讨厌的腥味，又香又嫩，很特别，也很美味。

昂刺鱼蒸咸鸭蛋

长山河村有一家乡村饭店，食客们称其为水北大酒店。2001年时，原来的水北、康思两村合并，因地处长山河畔，遂改名为长山河村，水北饭店的名称显然是由水北村而来。

长山河是杭嘉湖南排工程的重要组成部分。水北饭店隐藏在长山河西边的一个村庄中，但知名度很高，不仅邻近的村民在此用餐，而且县城的、邻县的食客都会慕名而来，真是应验了"酒香不怕巷子深"这句老话。经常听人说起水北饭店，心里总是充满好奇，一个名不见经传的地方，居然有一家小饭店出名，禁不住诱惑，约了几人前往体验。到饭店一看，房屋已十分破旧，很显然，用餐环境是不太好的，但食客却很多，除了我们预订的包厢，早已座无虚席，连走廊上都临时增添了餐桌。让服务员拿来菜单点菜，却说没有菜单，只要根据菜柜里

有的菜点就可以了。这让我想起在四川的小县城吃饭的情景，那里人气很旺，生意也很好，但菜的品种不多，如一起吃饭的人多，把所有的菜上一遍就可以了，如果还不够吃，再上一遍。水北饭店的情况也差不多，一看邻桌正在吃的菜，就告诉服务员，同样的菜上一遍。

一家乡村小饭店的生意如此红火，一定有自己的特色，等到菜上桌一品尝，原来是熟悉的乡村味，猪头冻、盐齑卤鸡爪、水花菜蒸茄子、黄鳝地蒲汤、红烧野鲫鱼等，都是农村的家常菜。所有的搭配和烹饪方法不是在于创新，而是在于长期的经验积累。从而得出一种结论，针对不同的食材，采用最简单却最神奇的烹饪方法，能烹饪出食客记忆中最熟悉的味道，也是难舍的味道。而之所以菜品不多，完全在于厨师对食材的挑选，蔬菜都是当季露天栽培的，鱼虾则是自然生长的，这就是特色，能够锁定食客的舌尖。

其中最让人惊奇的一道菜是昂刺鱼蒸咸鸭蛋，看上去平淡无奇，之前也没有吃过这种做法的昂刺鱼，但平淡之下有惊喜。菜如其名，没有半点花哨，在未品尝之前，甚至还有点嫌弃。三条昂刺鱼加三个咸鸭蛋，当然还有调料，蒸的功夫是关键，要熟但不能老，下箸一尝，咸淡刚好，鱼肉细滑，鲜味自然，这就是一种出于自然的境界和味道。

昂刺鱼的学名叫黄颡鱼，在四川叫黄辣丁，有时也叫汪刺鱼，能够发出"汪刺、汪刺"的声音，背上有一根很长的刺，名为昂刺鱼，非常形象。昂刺鱼的头大而扁，两腮没肉，除了脊椎骨，身体上无刺，肉质非常细腻，以前被当作杂鱼，并不讨人喜欢，现在它的价格已超过四大家鱼。昂剌鱼做菜的方法很多，常见的有红烧昂剌鱼、酸菜昂剌鱼汤、昂剌鱼豆腐汤等，但总是比不上昂剌鱼蒸咸鸭蛋味美。红烧的昂剌鱼，酱油的味道盖过了鱼的鲜味，吃到的是调料味。昂剌鱼烧成汤，烧煮的时间偏长，鱼肉酥烂，鱼味稀淡。甚至有用卡式炉边烧边吃的做法，看上去很高档，但煮的时间长了同样导致鱼肉酥烂，有的还喜欢加辣椒，辣味夺走了鱼鲜味。

昂剌鱼蒸咸鸭蛋的做法十分简单，为了验证是配方好还是厨师的水平高，在家里亲自开展试验。每年的5月份，在江南是钓昂剌鱼的季节。选了一个下雨天，回到老家找了一个地方钓鱼。昂剌鱼喜欢在夜间活动、觅食，下雨天天气阴暗，这是出钓的技巧，所选的时间和地点都没有错，果然钓到6条，大多体形还不小，再到菜场买一斤生的咸鸭蛋。昂剌鱼的滑泥不用洗去，这是渔民告诉我的诀窍。洗净的鱼装入盆子，放点黄酒，再将咸鸭蛋敲碎壳，鸭蛋盖在鱼上，蛋与鱼的比例一般为一条鱼一个蛋，再放上生姜片和葱结，放入蒸锅，水烧开后蒸8分钟，出锅时将姜片和葱结去掉，看上去干脆利落。若是没有看到过程，还以为没有放任何调料。实验证明，就是这么简单，不需要复杂的技巧就能做成一道美味的菜肴。

我不知道水北饭店是怎么发明这一道菜的，只知道在别的饭店从来都没有吃到过昂剌鱼蒸咸鸭蛋，这是民间的智慧和美食。

毛鲈咕蒸蛋

　　毛鲈咕是乡下的叫法，学名塘鳢，也称䱷鱼，杭州人却叫它土步鱼，用手摸这种鱼的鱼鳞片，触感很毛糙，大概"毛"字就是这样得来的。塘鳢科鱼类约有16属30种，常见的有乌塘鳢鱼属、塘鳢鱼属、沙塘鳢鱼属、锯塘鳢鱼属、美塘鳢鱼属、鲈塘鳢鱼属等。这些鱼形态相似，体形不大，一般长60—100毫米，大的可达200毫米。

　　塘鳢体色深褐、鳞片细小、胸鳍大、腹鳍分离、尾柄长、嘴巴较大、下颌常突出、上下颌长着细牙、尾鳍圆形或稍尖。它喜欢钻在河埠的缝隙中，在河埠上淘米时经常能看到，特别是到了春天，它喜欢将子产在石缝中，而自己则守在边上，这也是它的致命弱点，抓鱼的人就是利用它的这个弱点抓住它的。

　　春天是抓毛鲈咕的季节，特别是油菜花开的时候。抓毛鲈咕有一种土制的工具，把两片瓦合拢，用草绳扎起来，一头绑一只草鞋或者废弃的鞋子，再系一根长的草绳，投在河埠边就可以了，草绳系在河边的小树上，第二天早上快速拉起来。这种工具俗称"鲈咕钎"，其实有一个专有名词叫"筊"，也指捕捉老鼠、雀鸟的工具。在自来水普及以前，人们习惯在河埠上淘米洗碗，掉落的东西成为毛鲈咕的食物，所以它特别喜欢钻在河埠的石缝中。毛鲈咕以为投在河里的"鲈咕钎"，又是一个缝隙，就把它当成窝，在里面栖息和产子，这就给抓鱼的人创造了机会。抓毛鲈咕其实还有更简单的方法，在童年时经常看到村里的男人们手指上抹着红汞，开始不知道是什么原因，一问才晓得是被毛鲈咕咬的。好端端的毛鲈咕为什么要咬人，原来是抓它的人自己招惹的。当人们发现毛鲈咕把子产在石缝中时，就会用手指去骚扰，毛鲈咕发现有人入侵就会冲上来咬手指，抓鱼的人乘机用手指掐住鱼嘴，不用工具直接就将鱼抓住了，而手指也经常会被尖锐的牙齿咬破。我知道用这种方法可以抓毛鲈咕，但始终不敢尝试，害怕手指被咬得很痛。

　　毛鲈咕虽然不大，但肉质细嫩鲜美，从下里巴人到文人雅士都对其情有独钟。袁枚在《随园食单》中写道："杭州以土步鱼为上品。"汪曾祺在《故乡的食物》一文中描写："苏州人特重塘鳢鱼。上海人也是，一提起塘鳢鱼，眉飞色舞。"与塘鳢相近的一个品种名叫松江鲈鱼，乾隆皇帝吃过以后将之御赐为"江南第一名鱼"。我在农村生活时非常喜欢抓毛鲈咕，但每次只能抓到一两条，就放点油和酱油，用最简单的办法在饭锅中蒸着吃，纯天然的味道却异常鲜美。毛鲈咕的吃法很多，最著名的吃法是毛鲈咕蒸蛋，毛鲈咕去鳞洗净后表面划上几刀，在开水中烫一下，然后装在盆中，倒入事先调好的蛋液，在蒸锅里蒸十分钟左右，出锅后淋上酱油、色拉油、葱花即可，这种做法在饭店里曾经吃过。听年长的人介绍，毛鲈咕蒸蛋有一种最经典的做法，蒸蛋的碗上面放两根筷子，毛鲈咕放在筷子上面，蒸熟后鱼肉会自动掉在蛋碗里。但我从来没有吃到过这种做法的毛鲈咕，很想自己亲手做一下，只可惜现在的河浜里已经抓不到毛鲈咕了，倒是偶然在小餐馆里看到了一盆鲜活的毛鲈咕，眼中顿时一亮。这些个头很小，只比拇指大一点，问厨师怎么烧，回答说烧咸菜，这么小的鱼也只能烧咸菜了。毛鲈咕烧咸菜上来，味道确实鲜美，只是难得有机会品尝。客人是个吃客，看到这盆鱼，说主人不点大鱼点小鱼，真是用心良苦。

盐齑菜烧鲫鱼

鲫鱼是最常见的河鲜，在我国南北都有，江南水乡的河道中更多。鲫鱼的肉十分鲜嫩，非常受人喜爱，但鱼刺较多，也有人怕吃鲫鱼。

我国有青鱼、草鱼、鲢鱼、鳙鱼等四大家鱼，也就是说，这四种鱼是人工养殖的，鲫鱼却不属于家鱼，多少让人有点意外。或许是鲫鱼的繁殖力和生存力都很强，根本不需要人工养殖，即便是一个新开挖的水塘，过不了多久就有了鲫鱼，这让人百思不得其解。野外的河道更是鲫鱼的乐园，春天的时候总是能够看到成群的鲫鱼在吃水草。捕捉鲫鱼有时很容易，有时却十分困难。春天产卵时鲫鱼喜欢钻在水草中，捕鱼的人在水草中放上网袋，第二天早上去收鱼常有收获，鲫鱼也喜欢逆流而上，这种鱼在农村称作逆水鲫鱼。每当到了下雨天，农田里的水会排到河里，静悄悄地守在河边，能看到鲫鱼飞快地向上游去，捕捉时只要在水渠的末端张一张网，从上面一赶，鲫鱼全部回到了网中，

有的人抓鱼水平高，直接在水渠中徒手也能抓到。过了产卵季节，在河道中似乎很难看到鲫鱼了，以前渔民捕鱼会在河道中放麦弓，现在更多的人通过放地笼捕鱼，捕到的除了鲫鱼还有其他的鱼和虾蟹。钓鲫鱼其实是一种成功率非常高的方法，不管是传统钓法还是台钓，只要河道中有鱼，总能钓到鲫鱼，鲫鱼吃食优雅，轻轻一咬，浮漂一顿，漂像十分清晰，及时提杆，便收获了一尾鲫鱼。本人也是钓鱼爱好者，平时最喜欢钓鲫鱼，到了休息日，一个人安静地坐在河边，运气好的时候接连上鱼，现在钓鱼的人实在太多，想要钓到鲫鱼已经有点困难。

鲫鱼的烧法非常多，常见的有清蒸鲫鱼、葱油鲫鱼、红烧鲫鱼、鲫鱼豆腐汤、春笋烧鲫鱼等，海盐人更喜欢吃盐齑菜烧鲫鱼。盐齑菜是海盐的特产，霜降以后用青菜腌制而成，虽然多吃咸菜对身体不好，但盐齑菜味道特别鲜，不管是用来烧肉、烧鸡还是烧鱼，都能获得特别的鲜味，于是在海盐便有了盐齑菜烧鲫鱼这样一道菜。在饭店里能吃到这道菜，一般家庭同样会做这道菜，特别是不太会烧菜的人，只要用盐齑菜烧鲫鱼，烧出来的鲫鱼一定十分鲜美。而烧法也特别简单，鲫鱼不管大小都可以，最好是野生的，虽说鲫鱼不是家鱼，因人们喜欢吃，养殖的也很多。野生与养殖鲫鱼的区别，钓鱼的人都知道。野生鲫鱼力道很大，概因尾巴较长的缘故。

盐齑菜烧鲫鱼做起来十分简便，盐齑菜剁碎，油锅中放入姜、葱炒香，下鲫鱼两面煎黄，再放入盐齑菜、料酒、生抽、糖和水，烧开五分钟即可出锅，不管做的样子好不好看，味道肯定很好。

二　虾

　　二虾是我取的名称。苏州有一道面点小吃名为三虾，所谓
三虾，是用虾子、虾脑、虾仁做成的菜。我没有吃过三虾，却
有幸在同乡的家里吃到了二虾。

　　同乡是一名企业家，年纪比我小，因我很早离开家乡，之
前与他并不熟识，他办了一家科技公司，同时还经营了一家农
场，既种粮食和蔬菜，也养家禽和鱼虾。据他自己介绍，在刚
出道时开过饭店，会烧一手特色菜。时间刚好到了吃小龙虾的
季节，于是便邀请几名食客到他家里品尝厨艺。他说食材大多
产自农场，这样的形式很接地气，也让我产生许多期许。来到
他家时，他已经在烧菜，白斩鸡、红烧肉、炒鳝片、红烧牛仔
骨、红烧鲻鱼、炒茄子、炒丝瓜等陆续上桌，菜不在于多，而
在于有个性，最后上来的一道菜就是二虾。

　　一个曾经的专业厨师，在自己家里做家常菜，难得一见。通常来说，饭店的菜油水很重，调料也放得多，食客常常产生一种错觉，饭店里的菜味鲜好吃。家里做的菜比较清淡，甚至不放调料，这对做菜的人是极大的考验。看到桌上的菜，确实很平常，有家常的风格，但也有厨师的手艺。所谓家常的风格，就是大部分的菜是家常的做法，不同的是，食材的选择有很多讲究，这就体现了厨师的眼光。

　　猪肉是最普通的食材，但选材很重要，同乡选了二元猪的五花肉，肥瘦相间的猪肉，做成的红烧肉香软可口、肥而不腻。鸡是农场里散养的，经过充分的运动和日照，毛孔细致、肌肉紧实，做成最简单的白斩鸡才能品尝到本味。鲻鱼是春季的美味，而且要选野生的，红烧、清蒸味道都很鲜美。黄鳝是在农场的水田中捕捉的，也是野生的，因个头稍大，做成了鳝片，在家里做菜时间充裕，鳝片烧得酥软入味。其实我更期盼的是一道爆炒鳝丝，选用笔杆粗的黄鳝划出鳝丝烹制就好。丝瓜做得很特别，青绿爽脆，这明显不是家常的做法，只有厨师才掌握丝瓜在烹制时不出水的技法。

　　最重要的就要说一下二虾了。早就听说老乡在农场里养了许多小龙虾，但始终不见上桌，最后上来一盆炒虾仁，虾仁中还有红色的颗粒，起初以为是放了辣椒酱，轻易不敢下箸，直到一听解释才恍然大悟，原来是他的良苦用心。小龙虾味美，但壳很硬，食用时需要用手剥壳，吃相很难看，还弄两手腥味，于是他便下了功夫，尝试一种新的做法。锅中水烧开后，将小龙虾在沸水中烫两分钟，让虾肉和虾脑凝固，然后剥去壳，取出虾脑、虾仁，再做成炒虾仁。红色的颗粒其实是虾脑，巧妙搭配如神来之笔。经过这番加工，虾仁润滑又有弹性，虾脑保住了香味，食用时极其方便，不用张牙舞爪，也不手忙脚乱，桌上不会堆满虾壳。在不经意间，小龙虾从小排档的大众菜变成了私厨的特色菜，让人耳目一新，也让舌尖动作舒适。问老乡这道菜叫什么名称，他说今天是第一次做，于是我便建议命名为二虾。厨师做得费时，食客吃得轻松。

正月螺蛳二月蚌

　　螺蛳不登大雅之堂，但江南人都爱吃，特别是小吃店和夜排档，几乎必备此物。河蚌不是全年都有的吃，千万不要错过季节。

　　螺蛳是一种带壳的软体动物，生长于河道和湖泊之中。乡下人吃螺蛳很方便，脱了鞋子下到河浜中用手摸就可以了，记得在童年时就是这样的，想吃螺蛳了自己到河浜里摸，摸上来的螺蛳剪去尾巴后在清水中养半天，水里还要滴几滴菜油，让它们把泥沙吐出来。现在的人很聪明，将棕榈树的叶掷在河浜里，过几天捞上来，上面吸满了螺蛳，棕榈树的叶很硬，不易腐烂，可以反复使用。螺蛳很普通，却有许多讲究，农村有一句俗语，"正月螺蛳二月蚌"，大致意思是正月里吃螺蛳、二月里吃河蚌。原因是正月里的螺蛳很肥，而且还未及长出小螺蛳。

110

河蚌

其实还有一个原因，冬季降温以后，螺蛳从河滩边潜回深水中了，这时想找螺蛳很困难，只有过了春节，随着气温的上升，螺蛳才又重回河滩边。大多数吃螺蛳的人或许没有那么多讲究，不管什么季节，想吃了便去大排档点1盆，或者买1斤回家自己炒。

河蚌是一种较大的软体动物，在惊蛰之前关着蚌壳不觅食，农历二月是河蚌由潜伏向活跃过渡的时期，这时的河蚌没有泥腥味，用蚌肉烧汤，鲜嫩至极。河蚌有好多品种，在江南常见的有褶纹冠蚌、背角无齿蚌和圆顶珠蚌，前2种俗称草蚌，后者俗称河蚌。草蚌比较常见，褶纹冠蚌长有背翼，形似鸡冠，也称鸡冠蚌，背角无齿蚌呈有角突的卵圆形。蚌肉带点肉红色，做菜最好吃，也称菜蚌。俗称的河蚌外形呈长椭圆形，长度大于高度的2倍，肉呈乳白色，俗称蚌舌头的斧足很硬，不容易烧酥。河蚌生长的区域离河岸有一定的距离，肉眼看不到，冬季捉蚌需要用蚌耙将其从水下扒出来，这是一项技术活，先要用蚌耙在水下探到河蚌，然后从淤泥中扒出来，我父亲就有一把蚌耙，过了春节后就在河港里耙蚌，每年都能吃到蚌肉，蚌多了还可以到街上卖。到了夏天可以直接下水摸蚌，少年时代特别喜欢到河道里游泳，经常在水下踩到河蚌，有时就干脆摸起了河蚌。

螺蛳做菜很简单，大多做成炒螺蛳，可以清炒，也可以放点酱油，喜欢吃辣的还可以放点辣椒，有时候偷懒，在烧饭时放在锅里蒸一下味道也很好。螺蛳不能炒得时间太长，也不能放水太少，有个朋友炒螺蛳，炒得很认真，几乎把汤水浇干了，结果一个也吸不出来，大家调侃他这道菜做得最好，别的菜都吃光了，还留下一盆螺蛳。吃螺蛳俗称嗦螺蛳，实际是用嘴把螺蛳肉从螺蛳壳中吸出来。嗦螺蛳要有一点小技巧，先在尾部吸一下，让螺肉与螺壳贴紧，这叫欲擒故纵，顺便也吃到很鲜的汤汁，然后反过来把头部放在嘴里用力一吸，螺肉便吸出来了。第一次吃螺蛳的人，往往不掌握这种技巧，结果吸了半天还是吃不到螺肉，只能借助牙签等工具把肉挑出来了。在大排档里点螺蛳的人很多，一边喝着小酒，一边吸着螺蛳，"吱吱"的声音此起彼落。

蚌肉是非常美味的一道菜，由于它长期生长在水下，生就了性寒的德行，阴虚内热、有高血压和高脂血症的人食用蚌肉具有很大的好处。剖蚌要有点小窍门，一只手握紧河蚌将蚌口朝上，另一只手用小刀在河蚌的出水口处插入，紧贴一侧的肉壳壁用力割断河蚌的吸壳肌，然后抽出小刀，再用同样方法割断另一端的吸壳肌，这样就可以打开蚌壳，完整无损地把蚌肉取出来了，清洗时要将肠、鳃等物去除，同时还要用木棍捶松蚌的斧足。蚌肉还要用盐抓捏一会儿去除黏液，再用清水冲洗干净。二月里的河蚌最鲜嫩，做一道河蚌咸肉豆腐汤，绝对是早春的美味。除了蚌肉，还要准备咸肉、竹笋、豆腐、葱姜、料酒、盐、胡椒粉等配料和调料，蚌肉要先行处理一下，放在锅中加入清水、葱姜、料酒，烧开后煮5分钟，捞出洗净切成小块备用，竹笋同样要清水煮5分钟去除草酸，咸肉切片，做好一切准备后将河蚌、咸肉、竹笋一起放入锅里，加足量清水烧开，转小火炖1.5小时至河蚌酥软，最后加入豆腐再煮5分钟，放入适量的盐和胡椒粉出锅。乳白的汤色，细腻的味道，一道人间美味做成，品尝过的人绝对会记住春天的这一种味道。

烧蛋的技巧

农村普遍养鸡养鸭，一年中的大部分时间都有土鸡蛋、土鸭蛋吃。蛋做菜的方法很随意，早上烧粥时蒸几个鸡蛋，剥了壳蘸酱油吃，中午烧饭时蒸一碗水蒸蛋，春天还可以放点笋末，味道更加鲜美，有时实在没菜了，下几个荷包蛋，简单方便，没有多少讲究，但有许多故事。

一直以为烧蛋是最简单的，其实并非如此。大多人都会烧蛋，烧蛋的方法也很多，常见的有煎、煮、炒、蒸、烧等，这些方法我都做过，但很难达到标准，有时烧得好，有时会失败，比如水蒸蛋，经常会发生上面一张皮下面一碗水的情况，原因就是有许多学问没有弄清楚。

煎蛋也叫荷包蛋，做法十分简单。最传统的做法是单面煎，然后翻起一边对折，形成一个半圆形，形状好似荷包，大概这就是荷包蛋名称的由来。现代人为了方便，已不采用这种方式煎蛋，只有煎单面的或双面的，不再有荷包的形状，但名称却保留下来了。煎蛋很简单，却同样有学问，有时候炉子烧得太旺，一不小心就把蛋煎焦了，但蛋黄还是生的，等蛋黄煎熟时，外表已焦得不成样子，相信很多人都有过这样的体会。这是对蛋白质特性不了解的后果，蛋白质遇到高温后表面马上就会凝固，从而阻挡了热量向内部传递，懂得了这个原理，就能找到正确的煎蛋方法。有的人喜欢吃全熟的煎蛋，这时炉火一定要开得小，这样做出来的煎蛋内外就同时熟。有的人喜欢蛋黄半熟的煎蛋，这时炉火可以开得大一点，这样做煎蛋，蛋黄熟得慢。很多人有过在宾馆吃早餐的经历，多数宾馆会有厨师现场煎鸡蛋，厨师煎蛋时总是慢条斯理，煎好的鸡蛋表面不枯，而且很嫩，如果自己有特别要求还可以提前告诉他，比如蛋黄要半熟的，或者要单面煎的。煎蛋的关键就是要有耐心，也就是炉火要开得小，慢慢煎。

煮蛋真是最简单不过了，水浇开，放入鸡蛋，煮熟即可。问题是不同的人口味不一样，对煮蛋的生熟程度要求也不一样，这就要考验技术了。有时候时间紧，煮好的鸡蛋太软，甚至蛋黄还没熟透，蛋壳很难剥离，有时煮的时间太长，鸡蛋很硬，一点也不好吃。怎样把鸡蛋煮好，还是有许多技术含量的。煮半生的蛋，时间一定要短，先把水煮开，然后放入鸡蛋煮1分钟，如果想蛋白硬一点，再加30秒，时间一到马上出锅，这种煮蛋很嫩，蛋壳很难剥，食用时用刀在四分之一处削开，用小汤匙舀着吃。外硬内软的煮蛋，煮的时间就要长一点，一

般要用3分钟。水煮开后转小火，时间一到就停火出锅，在剥壳的同时冲水，就不易粘壳，这种煮蛋吃起来口感最好。全熟的蛋要煮6分钟。常吃的煮蛋还有茶叶蛋，鸡蛋煮至八成熟后捞出把壳敲碎，重新入锅后放入红茶、酱油、黄酒、盐及八角、甘草等香料，加水后再煮，让汤料中的味道渗入煮蛋，而且煮的时间越长越入味。在街边卖茶叶蛋的人总是一边煮一边卖，带着香料味的蒸气悄悄钻进行人的鼻孔，想吃茶叶蛋的欲望油然升起，买一个剥了壳送入口中，还真是满嘴清香，而自己动手做的茶叶蛋就是比不上街边卖的，从此自己再也不做茶叶蛋，想吃了就到街边买。许多人还喜欢吃猪肉烧蛋，将煮熟的鸡蛋剥去壳，再在蛋白上划几刀，然后与猪肉一起红烧，鸡蛋吸收了肉的鲜香味，却不油腻。

炒蛋是最常吃的一道菜，纯粹的炒蛋并不多见，常见的是某某炒蛋，比如苦瓜炒蛋、番茄炒蛋、丝瓜炒蛋、香椿炒蛋、韭菜炒蛋等。由于搭配的食材不同，炒制的方法也不同。炒蛋可以用猪油，也可以用植物油，但前者炒出来的更香。先把两个蛋打入碗中，蛋味寡淡，加点盐和黄酒打成蛋浆。在烹炒时加盐容易过熟。油烧到冒烟，将蛋浆倒入锅中，及时翻炒，在蛋不完全硬化之前就可以出锅。鸡蛋在与其他食材搭配时，烹炒的方法有所不同。如在做香椿炒蛋时，常将香椿切成碎末，倒入蛋液中拌匀后一起炒，苦瓜炒蛋、咸菜炒蛋也可以用同样的方法做。另外的炒法是蛋和搭配的食材分别炒熟后再合起来。炒蛋还有一种变形是爆蛋，比如香葱爆蛋、香椿爆蛋等，香葱或香椿都要切成碎末，倒在蛋液中拌匀，烹制时不把鸡蛋炒碎，而是做成一张蛋饼，待一面定型后翻一面，烧至两面都定型上色即熟。

在江南农村有一种烧蛋的方式称作水潽蛋或者蛋酒，水烧开后，将打开的蛋直接放入沸水中，一般烧7分熟就可以了，捞起后放入碗中，再加入酒酿和糖，有的地方直接用米酒烧蛋，酒量差的人一碗蛋酒下肚很容易醉。这种所谓蛋酒一般是用来招待贵重的客人，比如新女婿第一次到丈母娘家，丈母娘就会烧蛋酒招待，一般是烧2个鸡蛋，客气一点会烧4个，当然，同行的人也享受同样的待遇。不同的地方习俗或许有所不同，曾经在金华实习的时候，每到一家农户医猪，主人总会烧一碗蛋酒，而且肯定是用米酒烧的蛋，半天时间下来就会醉醺醺的。

水蒸蛋是深受欢迎的一种菜，从小吃到现在仍然喜欢，在蒸制时加入笋沫、肉沫、蛤蜊等，可以做出更鲜的味道。做水蒸蛋看起来非常简单，取两枚鸡蛋打在碗里，加点盐和黄酒，用筷子充分打匀，再加水打匀，放在饭锅的蒸架上，饭烧好了，蛋也蒸好了。农村习惯用柴火灶烧饭，在烧饭的同时蒸菜，在城里只能在电饭煲或者蒸锅中蒸了。成功的水蒸蛋像嫩豆腐一样，但经常会失败，有时下面都是水，个中原因不得而解。后来听人说在蒸蛋时碗上放一双筷子，即使用了这种办法，有时同样会失败，还有一种办法是烧至锅里冒热气时掀一下锅盖，用这个办法，成功率比较高，但有时会忘记，而且比较麻烦。后来有人告诉我蒸蛋时要加热水，果然每次蒸蛋都会成功，至于原因许多人说不出来。在读书时看到一个说法：生

水中含有空气，水受热就会产生气泡，所以用生水做水蒸蛋容易失败，煮过的熟水空气已经挥发掉，用来做水蒸蛋不会失败，与水的冷热其实没有关系。

吴家埭的毛笋

　　吃过的毛笋总是带有一点涩味，让人不愿多吃，也留下一点遗憾。但总是听人说起吴家埭的毛笋甘甜爽口，不知道是否属实。

　　吴家埭是海盐澉浦镇最北边的一个自然村，村庄的东南角是王家山，山坡上是成片的竹林，这里便是产毛笋的地方。春天到来，春雨绵绵，春风徐徐，在春雨的滋润下，地下的笋芽开始萌发，所谓雨后春笋说的就是这种情景。到了春分前后，山上的毛笋破土，村民们带着工具开始上山挖笋。这时的毛笋才露出"华尖"，也就是笋壳的尖端部分，刚从泥土中钻出来，嫩黄的颜色，如果不仔细寻找，往往难以发现初萌的毛笋。毛笋长得粗大，起初以为要等到长高以后才挖掘，村民却说刚露出"华尖"就可以挖了，这样的毛笋称白壳笋，去壳后肉质雪

白如玉。看到这样优美的食材，就会联想到甜美的味道，此时咬一口咀嚼一下，就如吃水果萝卜，甘甜爽口。

　　毛笋还没探出身子，怎么能知道它的大小呢？其实村民是很有经验的，只要看到"华尖"很长，挖出来的毛笋肯定又大又长。看我似信非信，挖笋的村民让我亲自找一支笋当场验证。经过仔细寻找和比较，终于找到一支刚出土的"华尖"，似乎长得特别长，按照村民的说法，隐藏在泥土中的就是一支大笋了。

　　为了验证这一说法，村民马上动手开挖，一边挖土还一边介绍挖笋的经验，"华尖"不仅是判断毛笋大小的依据，还能判断毛笋着根的方向。如果是一支大笋，把四周的泥土全部挖开费时费力，知道了着根的方向，只要在着根的一侧挖开泥土就可以了。时间很快过去了半个多小时，边上已挖出了一堆泥土，却还没有挖到笋的根部，村民说这支笋真的有点大，估计超过1米长。听到这样的说法，感觉有点夸张，泥土中的毛笋哪有长这么深的，眼前的事实却颠覆了我的认知。又过了半个多小时，终于挖到了根部，挖出来的毛笋初判超过1米。跟着村民回到家中测量，长度为1.15米，重量为27斤，堪称笋王。问他之前挖到最大的毛笋有多大，他说之前有人挖到一支26斤的毛笋，还上了新闻。吴家埭的毛笋普遍长得又粗又长，完全得益于这片风水宝地。山坡相对处于阴面，土层非常厚，竹子高大，竹林茂密，土壤的保水性非常好，所长的毛笋不仅大，而且水分足，吃起来就特别甘甜脆嫩。

　　春季是吃笋最好的时节，总以为毛笋有涩味而偏爱淡竹

笋,而村民告诉我吴家堎的毛笋是与众不同的,用最原始的吃法就能吃到最美的味道,只要将毛笋切成条状,水烧开后入锅煮5分钟,蘸酱油或别的调料吃,非常清甜,没有一点涩味,咀嚼时还传出"咯吱咯吱"的声音。吃过吴家堎的毛笋才知道,它比别的笋都要鲜美,而且根据自己的喜好还可以做成炒笋片,或者咸菜烧笋,最出名的则是毛笋烧咸肉,俗称腌笃鲜,笋的甘甜与肉的咸味调和后生成特别的鲜味,成为下饭佐酒的美食。

　　一片毛竹林,产笋的时间很长,一年有11个月可以吃到笋。春笋从春分开挖,一直要持续到5月初。过了一个月后,鞭笋也长出来了,在竹林的地表找到有裂缝的地方往下挖,就能挖到鞭笋,这些鞭笋长得很浅,即便留着,所长的竹也很小,刚好可以用作食材。霜降以后,笋芽已经在地下生长,这时就可以挖冬笋了,到立春之前,所挖的都称为冬笋。俗语云:"九前冬笋逢春烂,九后冬笋清明旺。"从时间上说,冬至前的竹笋,只有少数能转化为春笋,大多数会腐烂。从形态上说,两头尖、中间弯的竹笋,到了春天基本不会转化为春笋,只有上头细、下头粗的竹笋,来年才会长成新竹。所以,在霜降到立春之间,村民会上山挖冬笋。立春以后,大地回春,地下的竹笋快速发育生长,虽然还未及钻出地面,想尝鲜的村民已迫不及待地挖春笋了。这时的春笋还没见过世面,有一个专门的名称叫"萌",这时的春笋也就是萌芽,非常嫩,是早春的佳肴。

慈 姑

慈姑是冬季上市的水生蔬菜，其味苦涩，在春节前，很多家庭都会买它，只因它有一个重大的用处，在请土地或相太太时，一定要放上慈姑作为祭品，而且要选顶芽长的。

慈姑是泽泻科多年生草本植物，也有人称之为剪刀草、茨菰、茨菇。有文献对慈姑一名的解释是："一根岁生十二子，如慈姑之乳诸子，故以名之。"在这里，慈姑便是慈母，而看到慈姑二字，自然会产生亲切的情感：慈，有慈祥、慈悲、仁慈之意，犹如长辈的关怀；姑，通常指的是姑妈，是有着血缘关系的长辈。这样一个具有浓厚人情味的词，却用作一种植物的名称，是人类对慈姑这种植物的一种感情寄托。慈姑通常大面积种植在农田中，也有人少量种在池塘中或者沟渠边。慈姑的生命力强大，在野外临水的地方经常能够看到它的踪迹，曾经种植过

的地方，每年照例还会生长。在地下会长出黄白色或青白色的球茎，根与球茎相连，头部却长着长长的顶芽，霜降以后枝叶开始枯黄，这时就开始采收了，但球茎还在生长，产量不是最高，而且不易保存，大雪以后是最好的采收时间，人们食用的就是球茎部分。慈姑的淀粉含量丰富，除了口味有点苦，与板栗有点相像，在饥荒年代可以当作"救荒本草"，这正是其慈悲的本性。汪曾祺在《咸菜慈姑汤》里就写道："民国二十年，我们家乡闹大水，各种作物减产，只有慈姑却丰收。"慈姑还富含蛋白质、糖类、无机盐、维生素B、维生素C及胰蛋白酶等多种营养成分，不仅可以作为蔬菜食用，而且还有药用价值。

用慈姑做菜，基本与肉菜搭配，如慈姑烧鸡肉、慈姑烧猪肉等。慈姑的特性是含有较高的碳水化合物，口感干燥，正因如此，与肉类食材搭配可以吸收油脂，既能中和慈姑本身的苦涩味道，也能降低肉菜的油腻，这让它实现了华丽转身，成为讨人喜欢的菜肴。最早吃到用慈姑做的菜是慈姑炒鸡，这道菜在农村很流行，常将鸡脖子、鸡爪和内脏与慈姑同炒，甚至在春节时招待客人时也有这道菜，而我也喜欢吃这道菜，不管是在自己家里，还是去亲戚家里，吃肉感到腻了，吃几片慈姑就消除了。慈姑烧肉是过去农家的豪华大菜，只有过年时才能吃到，味道也确实诱人，烹制的诀窍是少放盐、多焖煮。小孩怕吃肥肉，肉与慈姑一起吃就感觉不到油腻了，而且味道更好。慈姑烧肉还是一道御膳，可见其味道之美。清末代皇帝溥仪在回忆录中说道，他最青睐的御膳之一便是慈姑烧肉。

饭店里常有慈姑炒咸菜，虽然慈姑带有一点苦涩味，但还

是能够让人接受，关键是在处理食材时不能怕麻烦，生的慈姑要先焯水，再刨去表皮，并把顶芽掐掉。经过这样处理，基本消除了苦涩味。慈姑的做菜方法主要有炒、烧汤和红烧三种。红烧的慈姑吃起来粉嫩润滑，如果不与肉同煮可能会有点微微的涩味，慈姑烧汤非常清新，让人唇齿留香，炒慈姑酥脆可口。不管是炒，还是烧汤或者红烧，慈姑作为一种乡间食材，是大自然的恩赐，也是慈姑对人类的良苦用心。

慈姑入药称作泽泻，切成片晒干后，具有清热、利尿、解毒的功效，常用来治热病口渴、肺热咳嗽、小便黄赤、皮肤热毒等症。慈姑中的秋水仙碱等多种生物碱，具有防癌、抗癌肿的作用，还可用来防治肿瘤，这是它又一次对生命发出的仁慈。

葫　芦

　　葫芦的谐音"福禄"，一个充满喜感的名称，不过在农村更喜欢称之为地蒲，显得更接地气。

　　称作地蒲肯定因其是用来做菜的。在春天的时候，农户不会忘记种上地蒲。有的种在地头，藤蔓在空地上恣意延伸，开花后开始结瓜，这种地蒲是棍子形的，长得比较早。有的种在房前屋后，藤蔓喜欢攀爬，考究一点的还要搭个棚，让藤蔓找到攀爬的空间。这种地蒲长成葫芦的形状，从夏天开始结瓜，一直长到深秋。

　　葫芦是江南的美味，无论是清烧还是荤素搭配，都是人们日常最喜欢的菜肴。在农村则更加简单，做饭之前直接到地头或者房前屋后的棚架上摘一只葫芦，没有其他菜搭配就清炒，有人喜欢开洋烧葫芦，我喜欢豆瓣烧葫芦，老的蚕豆用水泡发

后剥去皮，与葫芦烧在一起，葫芦和豆瓣都是无法快速烧酥的食材，但二者搭在一起却很容易烧酥，真是一件奇怪的事。这道菜既有葫芦的甘甜嫩滑，还有豆瓣的香糯，在饭店里很难找到，实在是深居民间的美食。如果有咸肉，做成葫芦烧咸肉味道则更好了，葫芦中混合了咸肉的香味。

葫芦是学名，自古至今有许多不同的名称，古人根据不同的形状称瓠、匏、壶三种。细而长的称作瓠，亚腰形的称作匏，扁圆的称作壶，而海盐人统一称作地蒲。葫芦除了做菜，还可以做药，具有清热除烦的作用。在夏秋季节，葫芦正是应季的食品。葫芦还与仙道有着密切的关系，在民间故事中，仙人总是腰挂葫芦，里面装的不是酒就是各种宝物。老百姓则喜欢将葫芦挂在家门口，用来驱邪护宅。现代人则喜欢在葫芦上刻上各种图案后将其做成挂件，取其"福禄"的谐音伴随生活。

芋　羹

　　江南人爱种芋艿，也爱吃芋艿。从记事开始就知道，在生产队集体时代总是种很多的芋艿，实行家庭联产承包责任制后，家里每年仍然种芋艿，芋艿既可用来做菜吃，又可当作杂粮吃，吃法多种多样。

　　芋艿也叫芋头，属于天南星科的草本植物，喜欢长在近水的地方，作为农作物经常栽在水田中，上一年种植的地方，常有遗落的球茎，第二年春天照例自然生长。天南星科植物大多有毒，天南星、半夏虽然可以入药，但都有毒，唯有芋头却是例外，不仅球茎长得大，而且富含淀粉，又耐储藏，非常受人喜爱。

　　刚过白露，回到村里，还未到收芋艿的季节，母亲却说要去挖芋头了，一会儿提着一篮芋头回来，还对我说：你看，已

芋頭 壬寅夏 岂青

经很大了。其实大的是长茎叶的球茎，习惯称之为老头，大的边上还会长出许多小的球茎，称作小头。很明显，挖到的大多是老头芋艿。小头芋艿还很小，接下来，茎叶中的营养会加速下沉到根部，球茎会加速长大，很快成熟。刚挖出的芋头很鲜嫩，做了一碗炒芋艿，吃起来细腻嫩滑。这个时候吃芋艿就是尝鲜，吃的是初始的味道。

在农村，芋艿的吃法很简单，但又多种多样，最常见的就是炒芋艿，不放酱油的是清炒，放了酱油是红烧，还有蒸芋艿蘸酱油。还有更简单的，连皮也不去，直接蒸熟或者煮熟，既可以当杂粮吃，也可以蘸盐或蘸酱油当菜吃。等到毛豆长实时，还喜欢将芋头与毛豆荚放在一锅中煮，毛豆就是黄豆，在农村习惯叫毛豆。吃几荚毛豆，再剥个芋头，佐以小酒，实在是美味。当然还有考究一点的，毛豆剥去壳，芋头除去皮，两者同煮，既有毛豆的鲜味，也有芋头的润滑感。

芋艿是受人喜爱的农家菜，同样也上得了大雅之堂。在芋艿上市的季节，大多饭店有用芋艿制作的菜肴。荤素搭配的有芋艿炖排骨，芋艿富含淀粉，容易吸收排骨汤的鲜味，同时也中和了肉食中的油腻味，使这道菜吃起来更加干净香软。同样是荤素搭配的还有香芋扣肉，一片芋艿夹一片肉，经过蒸制，两种味道调和，非常受人喜欢。比较出名的是海盐澉浦的羊汁煮芋艿，羊肉煮好后，在留下来的羊肉汁里放入整个的小头芋艿，煮熟后即可食用。羊汁芋艿在澉浦是一道名菜，在饭店吃饭，许多人点了红烧羊肉，一般还要点一盆羊汁芋艿。简单的做法有清炒芋片，或者芋头丸，只在菜中调入盐味。芋艿淀粉还可以制作芋饺，另有一番风味。芋饺皮呈半透明的褐色，有胶冻的质感，吃起来带一点弹性，正是胶冻质感的呈现。现代人讲究健康饮食，在就餐时喜欢点一盘五谷杂粮，其中大多会配以芋头。

　　在芋头的众多吃法中，有一道重要的菜是芋羹。第一次吃到芋羹是在一家单位的食堂中，这家单位的负责人喜欢做菜，亲手做了一大盆芋羹。芋艿切成丝，煮熟后的汤汁色白呈糊状，这正是羹的特征，但并未勾芡，这是芋艿自身的淀粉发挥的效果，上面洒以蒜叶，端上来就有一股香味。这是一道非常有个性的菜，烹制简单，口感柔滑，非常开胃，但是很奇怪，在饭店里很少吃到。还是单身汉时，一位朋友来我这里吃饭，单身汉一般不做饭，也不备菜，但我手头刚好还有几个芋头。做成炒芋头实在有点少，干脆切成丝做一碗芋羹，意想不到的是朋友说好吃，还问我是怎么想出来的，后来在家庭食谱中自然就多了一道芋羹。其实芋羹是一道名菜，袁枚在《随园食单》中就有记载："芋性柔腻，入荤入素俱可，或切碎作鸭羹，或煨肉，或同豆腐加酱水煨。徐兆璜明府家，选小芋子入嫩鸭煨汤。"只是这道菜后来失传了，现在只做一道纯粹的芋羹，不用入鸭放肉，味道也更加纯粹。

菱烧豆腐

　　菱烧豆腐是家里常做的一道菜，饭店里虽然也有，似乎做法不一样，味道也逊色一些。

　　说到菱，首先想到了嘉兴的南湖菱，知名度很高，而且特别有个性，许多地方把菱称作菱角，而南湖菱却没角。南湖菱是我最早吃到的菱，20世纪70年代去嘉善走亲戚，一早从沈荡坐轮船到嘉兴，然后再换轮船转嘉善。嘉兴轮船码头一年四季有卖粽子的，秋季还有卖南湖菱的，这种菱色青、没有角，很像一只元宝，非常讨人喜爱。所卖的菱，一种是煮熟的老菱，清香甘糯，买一包在路途中当零食吃，可以解闷，也可以充饥；另一种是鲜菱，肉白、清脆多汁，可以当水果吃，也可以买回家做菜吃。

　　在农村实行家庭联产承包责任制后，父亲开始种菱，但种

菱角

植的是四角的红菱，不知道为什么不种南湖菱。在《嘉禾志》上看到一段记载，说南湖菱的种植地域"东不至魏塘、西不逾陡门、南不及半逻、北不过平望，周遮止百里内耳"。半逻是海盐的一个地名，在沈荡的北面，这就是说在半逻以南是不种南湖菱的。现在海盐境内种菱的农户很多，也确实没有看到种南湖菱的。

　　临近中秋，父亲每天采菱卖菱，家里也每天吃菱。采回来的菱先在水中搅拌一下，浮在上面的都是嫩菱，沉在下面的则是老菱，两者分开。老菱煮熟后装在篮子里挂在空气流通的地方，想吃了抓一把，一边剥壳一边吃，嫩菱剥去壳后做菜吃。菱做菜的方法极为简单，锅里放点油，爆炒后烧熟就可以吃。父亲卖完菱还会顺便买一块豆腐回家，做菱烧豆腐。豆腐切成小块，下沸水锅焯透，以除去豆腥味，菱下油锅爆炒，加入豆腐块、精盐、葱段，旺火烧沸后改为小火焖烧，至菱、豆腐入味出锅。菱和豆腐色白，葱色青，真正的"一青二白"，没有一点花哨，菱肉厚味香，豆腐绵软润滑，两者的组合十分完美。我非常喜欢这道家常菜，去饭店时经常会点菱烧豆腐，但端上来一尝，便时常失望，许多厨师喜欢在菜中加酱油，或者用高汤做这道菜，两种做法都压制了菱的清香脆甜。加酱油或高汤的目的都是为了调味，菱本身不带异味，自带的甜味就是天然的鲜味，保持本色就是最高的境界。当然，对口味的追求是各有所爱，美食家袁枚喜欢吃"煨鲜菱"，用菱做菜时常"以鸡汤滚之"。饭店里常做葱油菱这道菜，新鲜的嫩菱用葱油爆炒后稍煮即可，保持清脆的口感，可以与荸荠媲美，但这道菜对食材有一定的要求，必须是新鲜的嫩菱，偏老的菱做不出清脆的口感。菱烧豆腐加酱油可能是无奈，不新鲜的菱容易变老，而且会失去鲜味，这时加酱油提鲜不失为明智之举，考究一点的还要加入爆炒的肉末，待菱角煮透入味，可以尝到老菱的香糯和粉感，这又是另外一种味道。

　　江南民间做菜以简为常，占有新鲜食材的优势，更能呈现食物的原味，简单的一道菱烧豆腐，既具水乡的味道，也有农耕的记忆。

春笋烧豆腐

　　春笋是一种美味食材，可以与其他各种荤素食材搭配，做成不同风格的菜肴，素有"荤素百搭"的盛誉，而且不管怎么做都很美味。与各种肉类烹饪，炒、烧、煮、煨、炖皆可，荤素搭配，味道鲜美。与其他蔬菜搭配，做成各种小炒，提升鲜味，口咸爽脆。春笋还可以单独成菜，如手剥笋、油焖笋、霉笋等。

　　海盐种竹的历史悠久，在山上种毛竹，在平原种淡竹，每到春天有大量的春笋上市。父亲特别喜欢种竹，从我童年起，家里就有好几片竹园，有的在房后，有的在河边，从早笋到迟笋，有好几个品种，真正达到了"不可居无竹"的境界。

　　春天真是一个美好的季节，菜园里有茄子、番茄，还有南瓜、葫芦和豆角，新鲜的蔬菜很多，还有一种称作"晚菜"的

春笋烧豆腐

青菜，在早春时只摘菜心，菜心全部腌制成咸菜，称作薹心菜。到了清明时节，几场春雨下过后，竹园里的春笋从潮湿的泥土中钻出了笋芽，吃笋的季节便由此开启。父亲每天一大早就去竹园挖春笋，这么多的春笋根本来不及吃，多余的便拿到街上去卖。赶上星期天不上学，我也上街卖春笋，农家的土笋新鲜而粗壮，绝对是春天里的第一美味。

春笋是春天的符号，也是我最喜欢的味道。春笋的吃法很多，在农村最平常的吃法是烧饭时蒸一碗薹心菜蒸笋，春笋滚刀切成块放在下面，上面放薹心菜，再加上菜油。这是真正的农家菜，或许看上去太土，在餐馆中不易吃到，但吃过的人常常留下深刻的记忆。春笋烧咸肉就是著名的咸笃鲜，这是经典名菜了。春笋烧鲜肉，或者烧鱼，同样香甜美味。做水蒸蛋时放入春笋的嫩芽，味道特别鲜美。但如今已有很长时间没有吃过春笋烧豆腐这道菜。

20世纪80年代末，刚到海盐工作，住在招待所，吃食堂饭，有位年长的朋友自己有一套住房，可以在家里做饭。他经常约几个朋友在他家烧饭做菜，下班后我便与他一起到菜场买菜。在产笋的季节，他总是不忘买两支春笋和一块豆腐，然后做一道春笋烧豆腐，放几片咸肉，不用放酱油和其他调料，做法极其简单，味道却非常鲜美。我不知道这是他家的私房菜，还是自己凭空想出来的，反正这是一道让人难以忘记的菜肴。后来按照他的做法，在家里也做春笋烧豆腐，家人一品这道菜，一致评价好吃。

地三鲜

　　小炒历来受人欢迎，无论是素炒还是荤素搭配，味道鲜而不腻，都是下饭的佳肴，地三鲜更是名不虚传。

　　所谓地三鲜就是用当季的三种素菜同炒，在江南大多选用茄子、豇豆、青椒等三种当地的食材，随着季节的变化，也有所调整。江南四季分明，物产丰富，茄子、豇豆、青椒等蔬菜都是春季必种的农作物，在农村里家家户户的房前屋后都种着这些蔬菜，做饭时随意摘一些就有了。

　　茄子在中国栽培历史悠久，西晋嵇含撰写的《南方草木状》对茄子就有记载。茄子在农村俗称"落苏"，因其容易栽种，结茄时间长，非常受人喜爱。茄子营养丰富，含有蛋白质、脂肪、碳水化合物、维生素、钙、磷、铁等多种营养成分。茄子的吃法荤素皆宜，多种多样，既可炒、烧、蒸、煮，

140

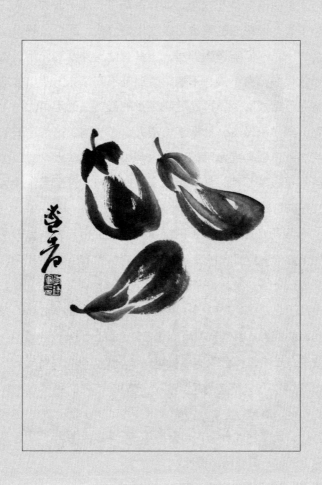

也可油炸、凉拌、做汤，在农村有一种最简单的吃法是在烧饭时将茄子一并蒸熟，然后蘸酱油吃。考究一点则是炒茄子，饭店里常做出各种花式菜，如鲜香茄子、茄子嵌肉、水花菜蒸茄子等，很普通的菜也可以卖出好价钱。豇豆是餐桌上的美食之一，不但能调颜养身，还具有健胃补肾的作用，做菜的形式很多，有小炒、干煸、凉拌等不同风味。四川等地喜欢将豇豆做成酸豆，这是我吃到过的最美味的泡菜之一。去建德的同学家做客，他做了一道豇豆干烧肉，这是地道的农家吃法。青椒与红色辣椒统称为辣椒，果实较大，青椒辣味较淡甚至根本不辣，红辣椒大多用作调味，青椒常作蔬菜食用，并与各种荤素食材搭配小炒。

春暖花开之后，各种时鲜蔬菜相继上市，饭桌上的菜肴变得十分丰富，但农村做菜贪图简单方便，时常将地里摘回来的菜放在一起炒食，后来发现这样炒出来的菜味道特别鲜，特别是茄子、豇豆、青椒三样蔬菜放在一起炒成的菜，比单独炒食味道更鲜美，有人就给它取了"地三鲜"的名称，这道菜不仅寻常百姓家里做，饭店里也做，普及率极高。日常生活中做菜，大部分人选择新鲜的食材，特别是新鲜的蔬菜，不仅脆嫩，而且营养更好，搭配和烹制形式反而不讲究。茄子虽然营养好，却是寒性的食物，与青椒炒在一起具有调和作用，从营养学上来说，具有科学道理。

霉苋菜梗

霉苋菜是我最爱吃的一种农家菜，俗称霉苋头，确切地说应该叫霉苋菜梗。

鲜嫩的苋菜是一种非常大众的蔬菜，上海人称之为米西。有一次在上海吃饭，服务员推荐一份米西，我不知道米西为何物，还以为是一种点心，后来看了实物才知道是苋菜，这也是我第一次吃炒米西。之前家里是不吃鲜苋菜的，种苋菜似乎就是为了做霉苋菜，现在超市中常年都能买到鲜苋菜，时常也会买一把炒食。苋菜的品种有很多，根据叶片颜色的不同叫法有所区别，常见的有绿苋、红苋和彩苋等，除此还有凹头苋、刺苋、皱果苋、反枝苋等多种野苋。鲜嫩的苋菜或者其嫩头，一般是炒食或者高汤煮食，但农村里更喜欢让苋菜长成高大的菜秆，然后做霉苋菜梗。做腌菜的习惯在农村历史悠久，或许以

往是缺少保鲜技术，只有做成各种腌菜才可以储存很久，但有的菜只有腌制以后味道才好，比如大头菜和榨菜，虽然鲜菜也可以食用，但有一股涩味，腌制后不仅可以除去涩味，而且味道更加鲜美。霉苋菜其实也是腌菜的一种，特别之处就在一个霉字，新鲜的苋菜梗很硬，没法做菜，也没法下口，经过霉制以后，获得了酥腴的口感，成为一道农家特色菜。在农村做霉苋菜十分普遍，记得童年时家里每年都做，但每年做出来的质量都不一样，有时甚至失败。盐放多了就不酥，吃起来没有肥腴的口感，盐放少了会变酸，而且容易烂，关键是要掌握好做霉苋菜的要领。霉苋菜是最好的下饭菜，清香酥嫩，鲜美入味，有时候在饭店看到霉苋菜蒸豆腐干，总是不忘点一份，但吃起来口感一般，与记忆中的味道相比，似乎就是缺少了农家味道。

有一次回到老家，看到母亲在菜园中种了许多苋菜，忍不住砍了一捆带回去，妻子问我：你会做霉苋菜吗？我说做不好。她却说她专门学过。原来她老家的村子里有几户绍兴人，他们擅长做霉苋菜，这就让她有机会学到了秘诀。霉苋菜本来就是绍兴的地方传统名菜，因味道特别，在江南广泛流传。苋菜长到人那么高，快要结籽时就可以砍下来了，第一步是把苋菜切成寸许长，然后泡在水中。其实这个我也知道，但我不知道要泡多少时间，这就是问题的关键，妻子却说时间是不一定的，泡在水里的作用就是"霉"，等到菜梗的两头涨开了就算霉到位了。第二步是把泡好的苋菜浸在盐水中，过一个星期就可以吃了，还有一种做法是将泡好的苋菜拌上盐装入坛子中，这种做

144

法称作干霉，制作技术更难掌握。过了几天，开饭时桌上突然出现了一碗蒸霉苋菜，一股特别的清香迎面扑来，那是久违的味道，迫不及待地夹起一筷，入口一咬，酥香肥腴，一股正宗的农家味道，从舌头流向咽喉。

其实农贸市场也经常有霉苋菜可买，但试过以后才知道味道不正宗，可能是放在臭卤里做的，称其"臭苋菜"或许更贴切。做霉苋菜的臭卤倒是好东西，在农村人们喜欢把豆腐、南瓜、毛豆荚放在里面臭，今天放进去，第二天捞出来，放上菜油一蒸，同样是极好的味道，如果臭的是豆腐干，放在油里一炸就是有名的小吃了。做霉苋菜关键在一个"霉"字，同时盐要放适量，一般是10斤苋菜梗用7—8两盐就可以了，如果喜欢这道农家美食，可以亲手试验一下。

薹心菜

过了元宵才一周，母亲就打来电话，告诉我地里的薹心菜可以摘了。薹心菜是海盐人特别喜欢的一种蔬菜，冬季种植，春天抽薹，采摘后用盐腌制食用。

薹心菜是海盐人的一种叫法，它还有一个名称叫晚菜，其实叫薹心菜更通俗。这种菜很特别，从根部长出一丛菜心，俗称菜薹，在起薹后，花尚未开放时采摘。与此类似的有广东菜心和红心菜，这两种菜心都是炒着吃，唯有薹心菜是腌制后才食用。腌薹心菜是海盐农村的一种重要习俗。

每年春天，母亲时常一清早就到地里采摘薹心菜，回来时身上总是沾满露水，摘回来的菜心要放在蚕匾里晾晒，太阳强烈时只晒一天就可以了，太阳小就要晒两天，晾晒的作用主要是去掉一部分水，含水量高的菜心腌制后既容易酸也不耐储存。腌菜大多在吃过晚饭以后进行，童年时代没有电视机，也没有文化生活，只有一台有线广播，广播里播什么就听什么，没有选择的余地。吃过晚饭，母亲收拾好一切，一边听着广播一边开始腌菜，把晒瘪的菜放在一只大的面桶里。在农村，家家户户都有面桶，面桶的用途不只是揉面，更多是在做团子、打年糕时用来揉粉，在腌薹心菜时用来揉菜。菜上面撒一层盐，菜与盐的比例一般为10∶1，然后就用手使劲揉搓，这个过程称作揉菜，"揉"在农村念作niu，直到把菜全部揉软转色，也就是菜心从粉绿色转成青色，然后分成小团，依次叠在菜坛中，叠一层压实一次，压菜用的工具，称作小脚，用树枝削成，一头削成一只脚的样子，这样在压菜时坛子的边缘也能使上劲。一坛菜装满后，上面盖上稻草，再用木槿条嵌紧，然后放在北墙边。过一段时间，菜的颜色从青色变成了灰绿色就可以食用了。

我最喜欢吃薹心菜，也许童年时生活条件差，餐桌上主要的菜只是一碗咸菜，在不同的季节有薹心菜、盐齑菜、腌芥菜、团菜等，薹心菜在春天腌制，保存时间又长，从春天到秋天，一年三季都不断。薹心菜腌好后，竹园里的春笋刚好长出来了，这个季节最美味的菜就数薹心菜蒸春笋了，这道菜一定要蒸制，笋放在下面，菜放在上面，再浇上一层菜油，在烧饭时放在蒸架上一并蒸。蒸的过程中，薹心菜的咸味、竹笋的鲜味和菜油的香味有机地融合在一起，出锅后用筷子搅拌均匀，菜的表面油光发亮，菜香淡淡飘溢，虽然谈不上"秀色可餐"，但味道独特，与炸臭豆腐干有异曲同工之妙，对于第一次吃腌

薹心菜的人来说，或许有点难以下筷，当吃过一次之后就再也不会忘记这种强烈的家乡味道，无论是下饭还是喝粥，只要配上两根腌薹心菜，准是食欲大开。到了夏天，地里的绿叶菜不太多，这时做一碗薹心菜蛋汤，又是另外一种味道，如果仅是下饭，就这样一碗最简单的菜足矣。腌薹心菜可以清蒸，也可以蒸蚕豆、蒸土豆，咸的菜与鲜的食材相配，调和出新的味道。海盐人大多把薹心菜叫作水花菜，一些餐馆专门把它做成了水花菜蒸黄鳝、水花菜蒸茄子，做出了各种不同的花样，一种家常菜居然登上了大雅之堂。海盐人在外地开饭店，还把水花菜当作了招牌菜，竟然大受欢迎。

薹心菜是我最难忘的一种乡愁，每年的春天总要腌上一坛，从春天吃到秋天，到了冬天再腌一缸盐齑菜。妻子常对我说多吃咸菜不好，但在做饭时还是不忘蒸上一碗，吃饭时也抗拒不了咸菜的特有美味。

南瓜头

第一次吃到南瓜头是在童年，家里做了南瓜头煮面疙瘩，味道很鲜美，吃过第一次就永生记得，而且也知道南瓜头是可以吃的。

南瓜头其实是南瓜藤的嫩头。南瓜藤和南瓜叶上长满软刺，总以为这样的德行是不能食用的，意想不到的是煮熟以后口感嫩滑，当然，在清洗时会把老的筋撕去。种南瓜当然不是为了吃南瓜头，青南瓜可以做菜，老南瓜常用来烧南瓜绿豆汤或者南瓜粥，也可以蒸熟了直接吃。南瓜藤在未坐果之前喜欢肆意扩张自己的领地，如果任其疯长，反倒影响结瓜，有经验的农民就会对其整枝，掐下来的南瓜头就成为难得的美味。在春夏季节，只有种南瓜的农户才有机会吃到南瓜头，在市场上是找不到这种食材的。到了秋天，早长的南瓜已经成熟，新长的南瓜来不及成熟，这时农户才会把南瓜头作为食材不断采

摘，如果吃不完，还会拿到市场出售，让许多人有机会吃到这一道菜，偶尔在饭店里也会看到南瓜头炒蛋。

父亲对南瓜头情有独钟，一到秋天，回到老家总是在地里找南瓜头，吃的方法随心所欲，大多数情况下是做成清炒南瓜头，有时放一点肉丝。有一次母亲做了一道南瓜头烧豆腐，我一品尝觉得味道特别好。后来看到街上有卖南瓜头，赶紧买一把，同时还买了一块豆腐，亲手做了南瓜头烧豆腐这道菜。把南瓜头的老茎去除，再切成半寸长，焯一下水，开油锅，在油里煸炒一下，放入豆腐、水和盐，烧开五分钟即好。做法超级简单，口感却滑爽鲜美，真是应验了"美食在民间"这句话。现在父母离开了老家，很难随心所欲地吃到南瓜头了，每次去看他们，总会念念不忘地提起南瓜头。我知道父母的习惯，每次看到菜农卖南瓜头，总会买一把给他们送去。

有一次去一家小饭店吃饭，点菜时刚好看到盆子里有南瓜头，赶紧点上，厨师说店里做的是南瓜头炒蛋，我说要做成南瓜头烧豆腐，厨师说没有做过这道菜，我把做的方法告诉他，而且告诉他要放点猪油，一会儿菜上来，同行的人都说没吃过这道菜，但一尝味道真是不错，有猪油的香味、南瓜头和豆腐的滑爽味。江南菜有一个特点，就是清淡，或者素菜荤烧，只要了解这种特性，不管怎么做，总是不会错。

在农村吃南瓜头不仅历史悠久，而且还有重要的寓意。南瓜头是生命力的象征，它的生长就像"开枝散叶"，长时间不怀孕的妇女吃南瓜头，有"坐果生根"的寓意。一份清炒南瓜头，既是江南的民间美食，也是农村的百味生活。

苦瓜是君子菜

苦瓜是苦味菜的代表，人们却称之为君子。

食物有酸、甜、苦、辣、咸五种味道，苦的食物人们一般不爱吃。吃葫芦时常有一个习惯，先削去一块皮，用舌头舔一下，如果是苦的就直接扔掉。苦瓜却是例外，吃的就是苦味。

20世纪90年代初，在漳州参加一个会议，用餐时每次都有一盆汤，汤的味道很鲜，但不小心吃到汤中一苦物，也不知道名什么，遂只尝汤不吃苦物，但又觉得好奇，第二天再尝苦物，虽苦却不会黏附于口舌，咽下以后口中不留一点苦味。后来在报纸上读到，杭州人在夏季喜欢吃凉瓜，吃了能够清热解毒，但不知道凉瓜长什么样。特地到菜场寻找，终于找到一种不认识的瓜，一问才知名叫苦瓜，也就是凉瓜，只是报纸上不

江南寻味记
JIANGNAN XUNWEI JI

写苦瓜，让我费了好大周折。买回家做了一盆清炒苦瓜，味道更苦，妻子不知道这是什么菜，吃了一筷后马上就发话了，这么苦的菜怎么吃啊，我赶紧解释，这叫苦瓜，本来就是苦的，但吃了可以清热解毒，夏天不会长痱子。看样子，味苦的菜终究不太受欢迎，难怪在当地从未听说。过了几天吃饭时，桌上多了一盆炒苦瓜，不知道为什么妻子也去买了苦瓜，还说自己炒的苦瓜比我做的好吃，是我不会做。看来苦味也是可以慢慢接受的，之后全家人都习惯了吃苦瓜，还变着花样做苦瓜菜，苦瓜炒蛋、苦瓜炒肉、苦瓜咸肉汤、苦瓜嵌肉，做出了各种花样，吃出了不同风味。自从习惯吃苦瓜之后，发现饭店里苦瓜做的菜很多，甚至在拉萨也吃到了苦瓜，只是拉萨那边的做法不同，做的是川菜干煸苦瓜，但最怀念的还是第一次吃到的苦瓜汤。

喜欢吃苦瓜，妻子还亲自种了苦瓜。看到慢慢攀爬的苦瓜藤，还以为种的是锦荔枝，这是童年时代经常种的一种植物。锦荔枝结的瓜两头尖、中间粗，呈锥形，外壳表面长满瘤状物，有亮泽。瓜熟后，瓜皮由绿变黄，熟透时瓜皮裂开露出红红的果瓤。儿时专门吃甜甜的果瓤，瓜壳是苦的，从来不吃。正如朱橚在《救荒本草》中所载："内有红瓤，味甜，救饥采荔枝黄熟者食瓤。"苦瓜不是本土植物，原产于东印度，据记载是在北宋时期传入中国的，起初就是叫锦荔枝，大概是其表皮与荔枝相似，到了南宋时开始称苦瓜，因其味苦而得名，可谓名副其实。

一次与开饭店的老板一起吃饭，问我想吃什么菜，我说夏

152

天想吃苦瓜。再问怎么烧，我说烧汤，她说没听说过，遂把厨师叫来，厨师说做个苦瓜排骨。苦瓜排骨汤端上来，我先尝了一下，汤鲜还带有苦瓜的清香味，但不苦，老板自己也尝了一下，确实好吃，苦瓜也不怎么苦。苦瓜极具个性，呈味方式与众不同，初尝苦瓜是苦的，这是前味，而后味却是甜的，可谓苦尽甘来。吃了苦瓜再喝啤酒则更加明显，啤酒喝在嘴里是甜的。苦瓜凉拌营养更好，也可以打成汁，喝起来没有半点苦味，反而微甘清爽，这就是苦瓜的独特品质，"不传己苦与他物"，不管与鱼肉荤素同炒还是共煮，绝不会把苦味传给对方，这种品质被人们称作"有君子之德，有君子之功"，由此还获得一个雅称：君子菜。

　　苦瓜虽然味苦，但营养丰富，不仅清热解毒，而且养颜嫩肤，可降血糖，可谓极好的保健食品。

爬山拔野笋

　　我一直不太喜欢爬山，总以为爬山既费力又缺少收获，如果为了锻炼身体，现在有太多的方式，打球、跑步、走路都可以，更何况小区里还建了众多的健身设施。但我又突然喜欢爬山了，爬山可以认识许多新奇的植物，甚至可以拔野笋。

　　说起爬山，完全是受陈双虎先生的影响。见面时，他总会随意提起在某座山上发现了一种新的植物，听得我心里痒痒，他知道我喜欢植物，故意吊我胃口，不过他也经常约我一起爬山。有一次他约我爬溆浦的青山，在半山腰艳遇了桔梗，虽然未及开花，但我一眼就认出来了，让他不能小瞧我这个队友。有一次约我到黄湾爬山，他特地请了一名当地采草药的人做向导，让我学到了许多植物生长的知识，还辨识了多种新的植物。正是他的故意引诱，让我对爬山产生了兴趣，而且还想把海盐境内的山爬一遍。或许，人只有到了一定的境界才会乐水乐山，孔子说过："知者乐水，仁者乐山。"爬山让人踏上一个新的境界。明朝徐霞客可能是最具代表性的人物，他放弃仕途而寄情山水，游遍名山大川，还写出了《徐霞客游记》这样的传世巨著，只是后人再也没有这样的境界。

海盐境内的山都不高，最高的是高阳山，主峰也只有251.6米。山上的经济植物不多，在低坡上有茶叶、毛竹和果树等，山上大多是一些次生林木，但有一个现象很特别，几乎每座山上都有成片的野山竹，果然是"野竹何修修，森然满山麓"。这些竹子茂密修长，竹高1—3米，在爬青山时就在半山腰遇到这样的竹林，地面还长满带刺的蔷薇科植物，张牙舞爪，让人进退两难，还不知道前方能否找到出路。在竹林中钻来钻去，一不小心就被带刺的藤蔓勾住，衣服被钩破，手臂出血，好在不远处就出现了有人走过的痕迹，看来在某个时候是有人上山的，山上甚至还残留着一段破网，这可不是渔网，是以前有人在山上捕鸟的网，只是现在禁止捕鸟了，山道也慢慢被杂草和竹子淹没。有一次爬丰山，发现丰山的东坡全是野竹林，竹林下面有众多相通的狭路，看样子这座山上经常有人光顾。回到家里与妻子说起爬山时遭遇野竹林的麻烦，她却很开心，她说春天可以上山拔野笋了。

清明刚过，草长莺飞，树木早已换上了新绿，妻子突然说：你上次说哪座山上有野竹林，休息日带我去拔野笋吧。这是一个不错的主意，既可以爬山，还可以带点山珍回家。来到丰山，钻进竹林，看不到近日有人上山的痕迹，但笋芽已经

从地面悄然顶出，只是还早了点，未及长高，妻子似乎有点失望。爬到山顶，突然出现了一片长高的竹笋，有拇指那么粗，形态却与山下的完全不同，原来这里生长着不同品种的野竹，赶紧挑选粗壮的野笋，用手一掰就拔出来了。原以为这些野竹都是一样的，其实有多个品种，作为外行人确实很难区分，海盐的山上通常有箭竹、麻竹、乌竹、苦竹和水竹等多种野竹，现在可好，竹笋已经长出来，让人看清了这个秘密。

爬了一次山，收获了一袋野山笋，回到家里，妻子用刀在笋尖斜削一刀，再在笋壳上削一刀，用手指一卷，笋壳就剥去了，原来剥笋也有技巧。用新鲜的野山笋炒咸菜，果真是一道鲜美的菜肴，这个季节如果去南北湖的小餐馆吃饭，餐馆老板准会推荐这道菜。这是一道时令山珍，所用的关键食材就是当地山上的野笋。以前不知道山上长着成片的野笋，现在拔得野笋归，在家里同样做出了山珍，味道鲜爽清香，下饭佐酒都是黄金搭档。吃不完的野笋，放在锅中煮熟，再用盐腌制，脱去水分就变成了笋干，可以放在冰箱中储存，日后在煮鸡、煮鸭和烧肉时放一点，这些食物变得更香更鲜。

春笋在菜场里容易买到，春笋的美味也为历代文人所称颂，苏东坡说："无肉使人瘦，无竹令人俗。"不俗又不瘦，竹笋焖猪肉，大俗配大雅，居然如此美味，真是天作之合。李渔对笋的评价是："此蔬食中第一品也，肥羊嫩豕，何足比肩。"野笋在菜场里鲜见，味道却更胜一筹，用画家吴昌硕的话来说就是："客中虽有八珍尝，哪及山家野笋香。"在童年时代吃过的青笋干，大概就是野笋所做，一支小小的笋干压扁后卷起来

156

装在竹笼中，表面挂着盐花，却十分精致，父亲喜欢把它与肉丝放在一起炖熟，然后冲一碗汤，吃饭时有这碗汤，我总会胃口大开，而这种味道也是至今难忘。但当时想象不出哪里来的这么多小笋，也不知道为什么要用这么小的笋做笋干，原来只有这些小笋做的笋干，才带有野性的鲜香味，现在竟然亲手拔到了野笋，还吃出了山珍的味道。

乡野中的美味

江南人对野菜情有独钟，江南人吃野菜得天独厚。

俗话说："宁吃野生一两，不吃养殖一斤。"这是说野生的水产品比养殖的要味美。同样，大部分的露地蔬菜要比棚菜味鲜，而生长于大自然的某些野菜，更是难得的珍宝。

野菜是人们对可以作为蔬菜或用来充饥的野生植物的统称。自古以来，国人对野菜就有一种特殊的感情，《诗经·关雎》中有"参差荇菜，左右流之"的诗句，荇菜就是一种野菜，《诗经·尔雅》中更有大量关于野菜的描述。古人视野菜为救荒之物，历朝历代都有人研究，并编纂了大量关于野菜的书籍，如明屠本畯所著的《野菜笺》、明王磐所撰的《野菜谱》、清顾景星所写的《野菜赞》，详细地记述了野菜的性状和食用方法。

江南四季分明，气候温润，植物资源十分丰富，走进大自然，到处都能发现野菜，常见的就有荠菜、马兰头、马齿苋、鱼腥草、薤白、水芹、枸杞头、香椿头、小茴香、野菊花、苦菜、蕨菜、车前草、蒲公英、紫苏、茵陈、槐花、栀子花、艾草、小蓟、大蓟等。大部分野菜可以作为鲜菜用来生食凉拌、炒食蒸煮、配菜做汤，也可以用来晒干菜、制酸菜、腌咸菜等。小部分野菜主要是取其汁，用来做青团子，还有的可以做调料。

春天是野菜最多的季节，许多人都有过挑野菜的经历。荠菜是野菜之王，平时说的野菜指的就是荠菜。立冬以后它就悄悄地萌发了，一直到清明都能在野外找到它的身影，有的人特别喜欢吃荠菜，在冬春季节大量采摘，焯水后存放在冰箱中，通年都可以吃。荠菜既可以做成菜肴，也可以做饺子馅，不管怎么做，都以鲜香吸引舌尖。许多人不认识荠菜，常将稻槎菜和黄鹌菜误作荠菜，其实这两种植物确实也是可以食用的野菜，只是带点苦味，大多数人不太喜欢。

马兰头是一种宿根生的植物，在春天发芽，也是众人喜欢的野菜。挑马兰头的人常拿着剪刀、拎着篮子，在田塍上或者路边，把一个一个的嫩芽剪下来。农民习惯在房前屋后种上马兰头的宿根，春天时可以方便采摘。嫌麻烦又想吃马兰头的人，常会在菜场里直接购买，有的马兰头看上去很鲜嫩，其实是棚栽的，吃起来味淡且缺少野味。

海盐人把马齿苋称作酱瓣草，马齿苋叶片肥厚，呈倒卵形，在农村的路旁或菜园中经常能发现，其味酸，常以嫩茎叶作蔬菜。它的吃法很多，焯过水之后炒食、凉拌、做馅都可

以，如大蒜拌马齿菜、马齿菜炒鸡蛋、马齿菜馅包子、马齿菜粥等。

薤白长得有点像葱，吃起来既有葱味，也有蒜味，在农村称其为野葱，其实不是葱，是一种野蒜，也叫小根蒜，在路边或桑园地中随处可见。春季生长旺盛，农贸市场鲜见出售，喜欢吃薤白的人只有亲自到野外寻找。薤白的主要吃法有拌豆腐、炒鸡蛋、做馅包饺子等，味特香，非常讨人喜欢。

水芹通常就叫野芹菜，是一种多年生草本植物，喜欢长在浅水低洼的地方或池沼、水沟旁，生长期较长，秋冬春都可以随时采收。水芹与旱芹的形态很像，但其味更浓，常以嫩茎和叶柄炒食，其味鲜美。水芹可以凉拌食用，如水芹拌花生仁；也可以与其他荤菜炒煮，如水芹炒肉丝；还可以做馅包饺子。

枸杞是一种多分枝灌木，其果枸杞子和根地骨皮都可入药，其嫩梢是味道极美的野菜。枸杞分两种，宁夏枸杞和中华枸杞，南方生长的都是后者，喜欢生长在地的边缘或河滩边，所结的枸杞子草腥味很重，但枝条茂盛，在春天时采其嫩芽做的菜是难得的野味。在菜场里常有人出售，如果遇到，千万不要错过。枸杞头味凉，口感非常好，做菜的方法十分简单，焯水后可以烧汤，也可以炒食。

车前草又名车轮菜，喜欢生长在路旁、山野、花圃、河边等地。叶片平滑厚硬，具有特殊的气味，做成菜不一定讨人喜欢，采其嫩叶做饺子馅却味道极佳。车前草的药用价值很高，有利水通淋、清热解毒、清肝明目、祛痰、止泻的功效，在夏天烧汤喝是土制的凉茶，而且味道比商场出售的还要好。

大多数野菜，人们非常熟悉，经常食用的无疑是味道最好的，或者是味道最特别的，诸如鱼腥草、香椿头，具有特别的气味，但还是有人情有独钟。艾草、小蓟、泥糊菜、鼠曲草是做青团子的重要原料，可以只取其汁，也可以捣碎后与米粉搅拌在一起。紫苏是去腥的好食材，大蓟的根煮肉不仅能调味，还有滋补作用。

惟荠天所赐

南宋诗人陆游写过多首"食荠"之诗，在《食荠十韵》中云"惟荠天所赐，青青被陵冈，珍美屏盐酪，耿介凌雪霜"，称赞荠菜为上天所赐的珍品。

说到野菜，首先想到的就是荠菜，许多人就认为野菜等同于荠菜。明代人王磐专门写了一部《野菜谱》，共写了60多种可以充饥的野菜，其中包括荠菜，"江荠青青江水绿，江边挑菜女儿哭，爷娘新死兄趁熟，止存我与妹看屋"。他把大部分的野菜看作饥饿菜，在灾荒之年人们食不果腹，只能用野菜充饥。在文人眼里却不然，荠菜是美味珍馔，早在魏晋南北朝时，便有多首《荠赋》，其中一首说："终风扫于暮节，霜露交于杪秋。有萋萋之绿荠，方滋繁于中丘。"宋代的苏东坡则有《与徐十二书》："今日食荠极美……虽不甘于五味，而有味外之美……其

162

法，取荠一二升许，净择，入淘了米三合，冷水三升，生姜不去皮，捶两指大，同入釜中，浇生油一蚬壳当于羹面上……不得入盐、醋，君若知此味，则陆海八珍，皆可鄙厌也。"陆游在《食荠》中说："日日思归饱蕨薇，春来荠美忽忘归。传夸真欲嫌荼苦，自笑何时得瓠肥。"清代的郑板桥说："三春荠菜饶有味，九熟樱桃最有名。清兴不辜诸酒伴，令人忘却异乡情。"文人周作人、汪曾祺又前后接力，为荠菜大唱赞歌。

荠菜是十字花科荠属一年生或二年生草本植物，高可达50厘米，茎直立，基叶丛生呈莲座状，叶柄长5—40毫米，茎生叶窄披针形，总状花序顶生及腋生，萼片长圆形，花瓣白色。一般认为花果期为4—6月，实际并非如此，荠菜在初冬时就已粉墨登场，它喜欢冷凉湿润的气候，在20—25摄氏度时适宜发芽，在12—20摄氏度时生长最旺盛，在春节前早已满地遍野，不知不觉中拔杆抽薹。好在它是轮番生长，落下去的籽再度发芽生长，到了五六月份，那是最后一次开花结籽，之后就枯死遁迹了。

许多人都有过挑野菜的经历，喜欢挑荠菜包饺子，挑马兰头炒菜或凉拌，但现代人大多远离土地，既不了解荠菜的习性，也不认识荠菜的模样。常见的荠菜有两种，一种是板叶荠菜，又叫大叶荠菜，粗叶头，叶肥大而厚，叶缘羽状缺刻浅，浅绿色，抗旱耐热，易抽薹，品质优良，风味鲜美；另一种是散叶荠菜，又叫细叶荠菜、碎叶头、百脚荠菜，叶片小而薄，叶缘羽状缺刻深，绿色，抗寒力中等，耐热力强，抽薹晚，香气较浓，味极鲜美。两种荠菜的次第登场，让喜

江南寻味记
JIANGNAN XUNWEI JI

欢野菜的人错过了冬季，还有春季的机会，但真的到了春暖花开之时，田间地头的荠菜早已扬花结籽，只剩下"三月三，荠菜花煮鸡蛋"了。

江南的许多地方认为，农历三月三是荠菜的生日，这时食用荠菜，可以驱邪明目、吉祥健身，由此，三月三吃荠菜花煮鸡蛋也成为一种习俗而流传。民间有"三月三（农历），荠菜赛灵丹""春食荠菜赛仙丹"的说法，说的是荠菜具有很高的营养价值。传统中医认为：荠菜味甘、性凉，入肝、脾、肺经，有清热止血、清肝明目、利尿消肿之功效，荠菜花煮鸡蛋具有凉血止血、补虚健脾、清热利水的功能。荠菜也是寻常百姓餐桌上的野味，虽不及山珍，却容易得到，只要是在当令时节，拎着篮子去乡野村外仔细寻觅，总有不少收获。荠菜的食用方法很多，大部分人喜欢用它包饺子、做包圆，其实还可以炒食或做成汤，味甘芳香，绝对算得上乡野中的佳肴。

蕺　菜

　　很早就认识一种名为鱼腥草的植物，但不知道这是一种食材，名为蕺菜，而这个"蕺"字还是它的专享名称。

　　其实我是很怕鱼腥草的，这种草在江南非常普遍，第一次见是在割草时偶遇的，看上去有点像红薯的叶，也有种说法是叶似荞麦，用手一抓才发觉上当，浓烈的鱼腥味令人作呕，再次见到就躲得远远的，避之不及。

　　知道蕺菜可以吃是在菜场了解的，看到有人在卖一种草根，初看以为是白茅根，米白的颜色，胖胖的身材，给人一种爽脆味美的印象，一问才知道名叫折耳根，也就是鱼腥草的根，虽然觉得好奇，但极不敢尝试。在川菜馆里看到有凉拌折耳根，还是冒险点了一小盘，这与第一次吃螃蟹一样，需要极大的勇气，虽然经过了处理，也加了调料，但仍然压不住霸道

的腥味，而这种腥味极不单纯，有泥土的混合味，偶尔还附加一点柴油味，咀嚼时，感到肠胃在剧烈蠕动，似乎要把嘴里的折耳根挤出去。如果一个人从没吃过折耳根，那是幸运的，能够保留最原始的生命体验。

吃折耳根，无疑是一种自我挑战。咀嚼一种极难接受的口味，经过这番挑战，或许挑食的人再也不怕各种奇怪的味道。其实折耳根有一种很好的味道，关键是如何处理，喜欢折耳根典型味道的人，大多喜欢凉拌；害怕浓厚的鱼腥味，可以选择折耳根的嫩苗焯水后蘸调料吃，这时的折耳根犹如被驯服的猛兽，所有的烈性全部收敛，只留淡淡的香味，妻子就做了这样的实验。我特地在家中的院子里种了几棵折耳根，在第一声春雷响起之时，如期竖起了一片小耳朵，初长时呈暗红色，慢慢展开第一片叶子，以后每拔一节长一片叶子，茎和叶脉依然保留了暗红的色泽，给人留下了遥远的想象，到了四五月份就开花了，小花洁白如雪，但花蕊粗壮，好似一根棍子，两者似乎极不相称，花期持久，花药从白色转为黄色，再到绿色，直到谢去。

妻子看到院子里的鱼腥草，就开始埋汰我，这么臭的草种在院子里，真是有毛病。我只能找一个理由搪塞，鱼腥草是良药，清热解毒，治疗咽喉炎效果很好。这句话还是有作用，一次儿子得了咽喉炎，她戴了手套，割了一把放地锅里煮汤，一会儿厨房里飘出了一股清香味。其实我很害怕鱼腥味，从来没有喝过鱼腥草煮的汤，现在闻到的却是香味，忍不住端起碗喝了一口，出乎意料的是汤很香，比凉茶的味道还要好，而儿子喝了鱼腥草汤，咽喉炎很快好转。这是偶然的发现，却让人对鱼腥草有了好感。此后的每年春天，妻子总是将鲜嫩的鱼腥草焯水后端上桌，再也感觉不到有腥味，大家都还非常喜欢，就像吃臭豆腐干一样，闻着是臭的，吃起来却是香的。

在甪里堰吃拔船菜

甪里是海盐南部的一个集镇，人们习惯称为甪里堰。

甪里堰在历史上是上下河的拦水坝，由于上河地势高，下河地势低，古人在甪里河的最南端建了一道水坝，这样就确保了上河的水位，使之可以无障碍地行船。但问题又来了，上河的船到下河，或者下河的船到上河，必须要过甪里堰，这就产生了拔船，也就是通过人工抬船的方法让船通过甪里堰。

据单位的同事老王介绍，他亲眼看到过拔船。他是澉浦人，刚好住在上河，在村里有许多小木船，童年时代习惯坐船出行，到了甪里堰就要拔船，人从船上下来，随身携带的物品也要搬出来，然后由几名成年人抬着船过堰。除此还有一些专门装运货物的船过堰，这种船较大，就要专门请人拔船，拔船的人除了收取工钱，还要烧饭招待，这种菜俗称拔船菜。

　　在秋高气爽的季节，到南北湖寻找南酸枣，出来后相约到朱家门甪里员外艺术工作室吃饭，主人是曾经的文联同事，在朱家门租了一座老房子做文玩生意。主人见到我们后第一句话就说今天只有两个菜，一个是白煮羊肉，另一个是拔船菜。虽然澉浦和甪里一带以红烧羊肉出名，她却做成白煮羊肉，拔船菜却是第一次听说，起初听作白鳝菜，白鳝也就是河鳗的别称，她却说不是白鳝，是以前拔船人吃的菜，问她到底是什么菜，她却卖起了关子，说是吃了就知道。

　　一盘白煮羊肉上来，煮得酥而不烂，且刚好脱骨，夹起一块品尝，细腻香溢，确实是与众不同，这是在江南吃到过的最美味的羊肉。据介绍，煮羊肉时只放盐而不放其他调料：第一次煮出血水，然后出水洗净，煮羊肉的水则要留着备用；洗净的羊肉加开水和盐用文火再煮三小时，不能加锅盖，水蒸发了就加入备用的羊汤。烹煮的方法十分简单，可谓大道至简，但功夫不浅，这样烹煮的羊肉呈现的是原味，而且不带任何杂味。吃过羊肉后上来一盆羊血萝卜汤，刚好能清洗一下油腻的感觉，这就是吃的境界。

　　第二道就是拔船菜，首先上来的是一锅河蟹，河蟹不大，但都已成熟，揭开蟹壳满是蟹黄，主人随即关照赶紧吃，等会儿还有菜要加。接着又端出一盆煮好的肉片、番茄和南瓜，将其倒入蟹锅内，一边煮一边吃。最后又加入丝瓜片和鸡毛菜，想吃主食的人还可以加入面条一起煮，这种吃法有点像吃火锅，但又有不同，前面的菜是预先煮好的，上桌就可以吃，后面还可以加入生的菜，一边煮一边吃，其实吃的不止两个菜，

只是主人摆嘿头罢了。

　　吃过了拔船菜，心中却留下疑问，难道从前拔船的人能吃上这么好的菜吗？其实还真不是，主人说祖上在甪里堰边上开店，曾经专门为拔船的人烧饭做菜。所谓拔船菜就是放一点肉，再放入各种蔬菜煮一大锅，完全是大杂烩。今天做的拔船菜只是取其意，所用的食材都是精心挑选的，既吃到了河鲜味，又吃到了清淡味，既享受美味，又吃得健康。

猪油拌饭

在改革开放之前，许多人都有吃猪油拌饭的经历，而且记忆深刻。

有时家里没有菜，只好搬出猪油，捞一筷放在饭的中间，让它受热后化开，再在上面倒一点酱油，上下一拌，一碗饭就吃下去了。猪油的味道很香，用猪油拌的饭又香又亮，自然非常好吃。当时买菜油都要凭油票，油票要用油菜籽换，生产队种了许多油菜，菜籽卖了，得到的油票分给农户。农户在自留地里也种油菜，收起来的菜籽也换成油票，即使这样加起来，菜油还是不够吃，只能到肉店里买点板油自己熬一下，有时连板油也不舍得买，就买一块肥肉熬制猪油。用猪油炒菜特别香，蔬菜也能吃出肉的味道，在烧汤时放一点猪油，汤的味道也更香，但家里并不是随时都有猪油，猪油拌饭几乎成了奢侈

品，有时候即便有菜，还是想着猪油拌饭。

　　在很长一段时间里，吃猪油拌饭是因为生活穷困，但在清末、民国、新中国成立初期，能吃上猪油拌饭就是不错的生活。周代供天子食用的"八珍"，其中占头把交椅的"淳熬"，就是与猪油拌饭类似的东西。"煎醢加于陆稿上，沃之以膏"，即将肉酱煎熟之后放在米饭上，再浇上猪油。现代人吃猪油拌饭则是为了偷懒，一碗热饭，一勺猪油，一勺酱油，搅拌均匀即可，不用做菜，十分方便。藏族人几乎不吃猪肉，但有酥油饭，有一次到牧区走访，藏族百姓很好客，专门做了米饭，并在饭中放了大量酥油，一吃却是不对，有很重的牛羊味，让人很不习惯，本来觉得有饭吃待遇很好，结果吃了一口就吃不下去，看来不同地区的生活习惯，差异真的很大。

葱油面

葱油面是海盐最有特色的面食之一，常以肉汤作为底汤，面上淋以葱油，再用筷子上下挑匀，使汤汁均匀地黏附在面条上，所以也称干挑面。

江南以种植水稻为主，主食习惯吃米饭，可谓是"一方水土养一方人"，但也少量种植小麦，偶尔也会吃面。以前农村种两熟水稻，在"双抢"时节非常繁忙，干活体力消耗大，中间要吃点心，有时就下一锅面条，但没有底汤和浇头，味道很一般，这大概是江南人少吃面的一种原因。饭店里做的面条味道自然要好得多，在童年时上街就是去沈荡，临河有一家沈荡国营饭店，第一次进饭店吃了一碗小面，其实就是清汤面，没有浇头，当时是九分钱、二两半粮票一碗，汤里放了猪油，比家里煮的面条香得多。食量大的人吃一碗小面不饱，往往会点

一碗加四面，所谓加四就是加四分钱。当然，饭店里还有更好吃的三鲜面，上面加了浇头，所谓三鲜就是河虾、肉丸、鸡肉等，上街时偶尔也会吃上一回。

葱油面是来到海盐工作后吃到的，花园路绮园的西门口有一家面馆，住在县委党校的招待所里，刚好在面馆的后边，每天早上起来吃一碗面。许多单身的小青年都在这里吃早餐，我习惯点一碗汤面或者咸菜面，但许多人专吃葱油面，干巴巴的一碗面，怎么会这样讨人喜欢，让人觉得很奇怪。看别人吃得这么香，觉得有点好奇，后来终于也点了一碗葱油面尝试一下，当夹起一筷面条送入口中时，满嘴浓浓的葱香，味道确实非常特别，但也有一点腻嘴。看边上吃面的人，他们会在面中倒一点醋，然后再拌一下，原来吃葱油面还有这种讲究，于是学着别人的方法在面条中加了醋，再尝一口，香中有酸，再不腻嘴，这是一种全新的味道，但一开始并不适应，后来反复尝试，味觉熟悉了，最后变成记忆中最深的味道，以至现在每次吃面时还会想起葱油面。

海盐的面馆不是每家都会做葱油面，绮园西门口的这家面馆是做得最地道的，每天都要买许多香葱熬制葱油，在这里吃面的人大多喜欢葱油面，甚至中午、晚餐也在这里吃面，面上再加一个荷包蛋或者一块大排，简单的一碗面还可以吃出不同的花样。后来绮园西门口的房子拆除了，这家专做葱油面的面馆也消失了。之后听别人介绍花园路之北的游泳池那儿有家面馆也做葱油面，于是追着葱香再去吃早餐，一尝味道与记忆中的一模一样，但店主不是同一个人，看来葱油面在海盐是有历史的，并不是独家经营。在饭店里能吃到干挑面，但吃不到葱油面，这也印证了"美食在民间"这句话，想吃葱油面只能到小弄堂中去寻找。

葱油有一股特别的香味，但熬制比较麻烦，一定要用小火把香葱熬到干枯变黑为止，这样的葱油才最香。葱油不仅可以拌面，还可以烧菜，因为喜欢葱香的味道，经常用香葱熬过的油做油爆虾、烧鱼，不仅能更好地除腥，而且获得特别的香味。

海盐的团子

　　做糯米团子是海盐农村的传统习俗。这种用糯米粉包着馅料蒸熟而成的食品，口感糯滑香软，美味可口。团子有白团子、青团子和扁团子等不同的种类，团子还分甜的、咸的、肉的、素的不同馅料。

　　海盐种植水稻的历史悠久，是鱼米之乡，习惯以大米为主粮。明《海盐县图经》记载："江南之俗，火耕水耨，食鱼与稻。"海盐的禾之品有"早粳、中晚粳、晚粳、早糯、晚糯"。"江南火耕水耨"这句话出于西汉·司马迁《史记·平淮书》，讲的是古代原始农耕的一种方式，即用火烧开一片空地后播种，再引水入田淹没并闷死杂草，这正是水稻的种植方式。也许是每天只吃米饭太过单调，祖先们发明了一种称作团子的食品，其不仅改变了大米的食用方法，也成为人情交往的物品和过节的重要象征，并作为海盐饮食文化的重要元素而流传久远。文献也告诉我们，历史上海盐种植的水稻品种很多，其中的糯稻就是做团子的主要原料。

团子，本质上就是一种食品，在乡下也称作粑粑，跟着母亲做粑粑是童年记忆最深的一部分。以前条件所限，都是用人工的方式在石磨上磨米粉，祖上传下来一对石磨，除了自家使用，邻居也经常来磨粉。磨粉是一件费力活，一个人转不过来，需要有一个人帮着推磨。稍微长大一点就开始学习推磨，磨出来的粉还要用筛子筛过，粗的粉要再重新磨一遍，米粉磨得越细，做出来的团子越好吃。后来有了钢磨，磨粉的事变得十分简单，只要把准备好的糯米送到加工点，倒入机器一按开关，一会儿就磨好了。做粑粑还要准备馅料，在农村一般都是就地取材，根据不同季节选取不同的食材做馅料，当然也有常用的赤豆沙、蚕豆沙和黄豆粉做成的馅，有时候为了改换口味，会做萝卜丝馅、咸菜馅等，在特殊的情况下，才会做肉馅团子。

在集体生产的年代，生产队一般只种晚糯，家里不是一年四季都有糯米，只有到了晚稻收割后才能分到糯米。小孩子是最喜欢吃粑粑的，有了糯米总是不停地问母亲什么时候做粑粑，母亲其实是很有安排的，不仅要满足孩子们的需求，而且要把糯米按时节分配好，年底打年糕，春节、清明节做团子，端午节裹粽子都需要糯米。在平时，母亲总会隔一段时间做一次团子，让我的等待逐步变成现实。做团子也是农村生活的实际需要，干体力活消耗大，在劳动的过程中经常把团子作为点

心吃，团子成为一种补充能量的方便食品。

团子作为一种食品，能够久盛不衰，不仅在于给人以舌尖上的享受，更在于民间文化的流传。团子的名称本身就寓意着"团"，就是期盼家人团圆，"团"也是团聚，期盼增进亲朋好友之间的感情，正因如此，做团子便具有了节庆文化和民间习俗的印记。从记事起就知道，到了年底，母亲必做的一件事情就是淘米、磨粉、做团子，虽然年底已经打了许多年糕，但做团子仍然是必不可少的大事，而且是一年中团子做得最多的一次，全家人围在一起做团子、蒸团子，呈现的正是家人团圆的景象。团子的形状一般有两种，一种是圆锥形的，直接用手工做就能成形，另一种是扁的，需要用印模压出来，这便有了许多与做团子有关的印模，有桃形的、叶形的和圆形的等，各种各样的印模还刻有花纹或喜字，压出来的团子形态各异，也更具有观赏的乐趣。蒸熟的团子，整整齐齐地摊在蚕匾中，趁热时点上红色的喜字，以示节日的喜庆，还要及时用蒲扇不停地扇，让团子冷却后更有光泽。

每年的清明节是做团子的重要节日，不同的是，清明节所做的团子俗称"青团子"。顾名思义，青团子的颜色就是青的，在揉米粉时需要加入草头的汁水，所以也叫草头团子。所谓草头，是对经常用于制作青团子的几种草的通称，常用有艾草、小蓟、鼠曲草等。草头要先在石灰水中焯过，然后捣出汁水。清明团子是祭祖的重要用品，每年这个时候家家户户都会做。除此，吃青团子也是"尝春"，用舌尖品尝春天的味道。

团子也是人情往来的重要习俗。在民间有掸"上梁团子"

和吃"满月团子"的习惯。农村造房子，在上梁这一天，亲戚朋友都要送上两篮"上梁团子"，既表示祝贺，也表达亲朋之间的情义。在上梁时，木匠师傅还要在上面一边唱骚子一边抛团子，下面的人抢到团子很吉利也很高兴。在农村还有一种习俗，姑娘出嫁后，在婆家住满一个月就要回娘家息月，这时新娘子也要做一篮团子带回娘家，息月满了，娘家要做两篮扁的团子一并随女儿送回去，并分到村里的各家各户。家里生了小孩，要做"满月团子"，现在时兴喝满月酒，以前称作吃"满月团子"，这是一种比较小的团子，汤圆大小，不放馅料，直接放在开水中煮熟吃。这一天，上门的亲戚朋友，先要吃一碗"满月团子"，分享小孩满月的快乐，同时还要向村里的家家户户送一碗"满月团子"，通过这种形式告诉乡邻家里新添了人丁的信息。

做糯米团子，是最重要的童年记忆，也是久远的乡情。糯米团子，是最熟悉的家乡味道，也是对团圆的期盼。

枇杷记

　　小满节气，一帮文人相约去唐坊散人的果园摘枇杷。

　　唐坊散人是钱氏的后裔，也是同事，家里有个枇杷园，前几年常送枇杷过来给大家尝鲜。今年已被多次邀请去他家摘枇杷，刚好作协组织采风，正是一个应时的活动。

　　果园位于沈荡镇的糖坊村，唐坊散人的笔名便据此而来。据传这里在历史上曾经生产食糖，村名由产糖历史得来，也传递了历史信息，只是随着历史的变迁，原始的村落早已不见踪迹，原来的河浜也变成了农田，只留下一口小池塘，好似大地上的一只眼睛，窥视着成百上千年来的变化。

　　或许是这里曾经有产糖的历史，或许是唐坊散人意识到种水稻付出的时间与收益不相匹配，二十多年前在住宅的西边和北边种上了十多亩地的枇杷树，经过多年的精心管理，

如今树枝高大茂密，枝头上挂满了红黄小球，正赶上枇杷成熟的季节。人们时常把教师称作园丁，这是一种付出自己培养学生的精神，其实唐坊散人才是真正的园丁，二十多年培育果树、耕耘果园，等到每年的五月，迎来一个收获的季节。在企业中有两种文化现象：一种叫园丁文化，讲究长期的培育，然后是持续的收获；另一种是渔夫文化，追求眼前的捕鱼收获，随着资源的枯竭，收获却越来越少。园丁文化是唐坊散人的人生哲学，而且也体现在他的日常生活中。作为一个农民，大多对文化没有更多追求，唐坊散人却是一个例外，在家中专门僻了一间书房，书架上整齐地摆放了二十四史、《钱塘江文献集成》及众多的地方志书，还有许多枇杷栽培和管理的书籍，书桌上铺放了毡毯和笔墨，从中可以看出，他同样以园丁的态度对待自己的人生，在忙碌完一天的农活后，还要静下来读史研志，或者练习书法，让自己的心灵得到耕耘。日积月累的涵养，让他不知不觉已在古诗文上有了深厚的积累，心中长成另一座果园。他自称是一个散人，其实刚好相反，他把自己的志趣放得长远且始终坚持，不在意一时之得失，而是从长远中培育出硕果。

走进枇杷园，成熟的枇杷挂满树枝，有的是红色的，果形圆大，有的是黄色的，果形稍长，显然是两个不同的品种。眼睛望着远处，总想找到既大又熟的枇杷，而手只能伸到近处，摘一颗相对成熟的枇杷，剥去皮送入口中，汁水丰盈，酸甜交织。在果园中放开肚子吃水果不要钱，这是不成文的规矩，如果要买，可以自己摘，也可以选现成的，亲手摘枇杷是一种乐趣，精挑细选，包含自己的选择和劳动，而我觉得浅尝辄止最好，选择不同生长部位、不同形状的枇杷尝一下，发现其中的规律和秘密。

坐下来时，唐坊散人向我们介绍了枇杷的好处和秘密。枇杷是我国土生土长的一种水果，而且很特别，在上一年的10月开花，持续到第二年的2月，花期长达3—4个月，1个花序开1个月左右，经历寒冬却不会凋敝，幼果生长缓慢，到5—6月才成熟。而其叶、花都可以入药，具有镇咳、润肺的功效。根据果肉的色泽，枇杷分为红肉类和白肉类，前者俗称红沙，也叫大红袍，皮厚、核多，比较耐储存，后者俗称白沙，皮薄、味鲜。枇杷为顶生圆锥花序，花房分5室，通常有1—5粒种子，全部结核就有5粒，有的不结核，由此枇杷便有了形态差异，有的呈圆形，有的呈纺锤形。

枇杷园的周围是成片的麦田，到了小满节气已现成熟的迹象，摘得一支麦穗剥出麦粒，放在嘴里咀嚼，麦香和微甜充盈在口中，这正是小满的味道，看来麦熟还要等几天，在农忙到来之前，刚好能收摘枇杷。

桑 果

　　江南号称鱼米之乡、丝绸之府，自然要种稻养鱼、栽桑饲蚕，桑树会结一种果子，俗称桑果。

　　家乡的河港两边都是桑园地，到了春天，桑树在发芽的同时也长出花穗，树芽嫩黄，花苞青青，到了春分时节就开花了，但桑树的花太过平常，既没有艳丽的色彩，也没有娇好的形态，只有等到成熟的这一刻才能让人刮目相看，一穗穗晶莹的果子十分诱人。等到清明一过，桑园地里的桑果就开始成熟，从青色变为红色再转为紫色，饱含汁水，甘甜可口，采桑叶的人一边干活，一边摘桑果吃，这样的劳动总是让人十分舒心。

　　桑果是童年时最爱吃的天然食品，当时没有钱买水果，摘桑果不用钱，也没人管，一放学就钻到桑园地里一边摘一边吃，尽管放开肚子吃足吃好，回到家里父母一看就知道。嘴唇是紫色的，手上也染了桑果汁，吃得太多大便也是黑的。父母总是担心小孩太贪吃会吃坏身体，时常告诫桑果不能吃太多，事实上从来没有吃坏过身体。

童年时吃桑果只知道味道甜，其实桑果的营养非常好，在两千多年前就已是中国皇帝御用的补品，它含有丰富的活性蛋白和维生素，被称作"民间圣果"，营养价值是苹果和葡萄的数倍，被医学界誉为"二十一世纪的最佳保健果品"。单位的院子里长了一棵桑树，始终没有人去清理它，结果越长越大，每年春天挂了一树的桑果，一群白头翁每天上蹿下跳地吃桑果。看着这些桑果鲜艳欲滴，有一天去采摘品尝，传达室的保安看见了，走过来与我聊天，告诉我桑果是个宝，他有个亲戚用桑果泡酒，把风湿吃好了。听他这么一说，星期天赶紧回到乡下采桑果，并泡了一坛酒，年底刚好发生新冠疫情，外面不能去，只能窝在家中，正好把桑果酒拿出来，每天喝上两口，桑果酒味道醇厚，可以增强非特异性免疫功能，防止人体动脉和骨骼关节硬化，促进新陈代谢。有了这坛酒，免去了对疫情的焦虑。

在老家的后面有一大片桑园地，前几年村里的农户都养蚕，现在大多已搬迁，以往在冬季要对桑树施肥整枝，现在桑树已无人管理，桑枝恣意疯长，到了春天长出的叶芽很小，但桑果花很多。桑树整枝后长出的叶芽很大，但桑果长得很少，这是一种截然相反的现象。看到桑枝上那么多的花穗，猜想是一种很好的食品，于是赶紧采摘起来，回到家里在水中焯一

下，做成桑果花炒蛋，一品尝果然味道不一般，桑果花吸水充足，花蕾又很小，做成菜既爽口又细腻，绝对是仲春的一道美味佳肴。有了这次发现，每到春天，心里总惦记着满树的桑果花和成熟的桑果，只是还未尝试把未及成熟的桑果做成菜，不知那是不是也像桑果花一样，也是春天的佳肴。

酿一壶酒

父亲从来不喝酒，却会酿甜酒。

夏天的时候，父亲常把当天吃不完的剩饭做成酒酿。先把酒药磨成粉，再与米饭拌在一起，放在钵头中，中间掏一个孔，上面再撒一层酒药，做好后放在竹篮里，盖一层纱布挂在厢房中。经过一夜的发酵，第二天早上满屋飘散着酒香，勾人的香味吊足人的胃口。忍不住时就揭开纱布看一下是否已熟。酒酿需要经过一昼夜的发酵才成熟，当天中午做的酒酿，到第二天下午就可以吃了。酒酿自然带着酒味，而且香甜酥软，小孩贪吃，一不小心就吃得头晕脸红。

酿酒必须用到酒曲，农村把酒曲称作酒药，经常在夏天自己制作。在米粉中拌入酒药草的汁水，做成汤圆大小的圆子，外面滚上曲种，经发酵后晒干。房前屋后种了许多酒药草，其

学名叫马鞭草，因花穗形似马鞭而得名，其实可以做酒药的草在农村是很多的，红蓼就是常见的一种，但人们还是喜欢用马鞭草，大概用此草做成的酒药所酿的酒特别香甜。

到了冬天，父亲就开始酿酒，虽然自己不喝酒，但春节期间招待客人需要。在江南农村有个习惯，喜欢在冬季自酿甜酒，时间大多在春节之前一个月左右。拿出早就准备好的甜酒药和糯米，糯米需要浸泡12个小时左右，然后蒸成饭，摊凉到不烫手时拌上酒药，倒入缸中压平，中间掏一个"酒潭"，缸口盖上用稻草编织的盖子，周围包上稻草，有时还要盖上棉被，经过一昼夜的发酵，缸底就有了一层米酒，两天后酒更多，三四天后兑入凉开水，再过两天甜酒就成熟了。乳白色的甜酒，散发着淡淡的酒香味和厚厚的甘甜味，还蕴涵着千年的农耕味，端起来喝一口，满嘴的酒香裹着乡愁从舌尖流向咽喉。

表哥最喜欢喝酒，平时还说点大话，每年来做客时总觉得喝甜酒不过瘾，但我家除了甜酒，没有别的酒。有一年父亲在酿酒时突发奇想，让我到干爹家讨两斤土烧酒，干爹喜欢喝酒，每年总要自己做土烧酒。到了春节，表哥照例来走亲戚，到了吃饭时间，父亲让我把酒拿出来。我问拿什么酒？父亲说：我家还有什么酒，只有甜酒啊。可我心里不这么想，不是上次讨来了两斤烧酒吗？但找了一下确实没有发现。给表哥倒上酒，父亲一边海阔天空地与他聊天，一边劝他喝酒。两碗酒下肚，表哥的酒胆就上来了，说我父亲没有口福，一个吃百家饭的人，居然不会喝酒，真是一种浪费。父亲与表哥都是泥匠出身，年轻时经常一起在农村盖房子，平时有机会在各家各户吃香喝辣的，这在农村称为"吃百家饭"。表哥说：照理老舅是会喝酒的，我能喝酒最起码有老舅家的一半遗传，再说吃百家饭的人有的是喝酒的机会。但父亲确实从来不喝酒。又喝了两碗酒，表哥说：我好像有点醉了。父亲一听，脸上闪过一丝微笑，说才喝点甜米酒就说醉了，刚才还在说大话呢。但表哥确实有点异样，也不相信自己的酒量一下子退步了。后来我才知道，父亲把两斤土烧酒全部酿在甜酒里，酿出来的酒喝起来还是甜酒的味道，而酒精含量已提升不少，这样的酒喝起来味道很甜，却是好落肚难转身。

　　家酿的甜酒是童年的美好回忆，也是农耕文化的古老传承，韵味悠悠，醇香弥久。

四季饮食与养生

　　春来冬去，寒来暑往，四季轮回，日月交辉。四季变换和二十四节气轮回是时序节律，也是生命韵律。中医讲究顺应四时、顺时养生，就是强调人与自然的协调关系。肌体的变化、疾病的产生与节气紧密相连，节气的更替变化影响着人类脏腑功能活动、气血运行、肌体变化等。同样，作物的生长也顺应着四时的变化，所谓春种、夏长、秋收、冬藏讲的就是这个道理。有的植物喜热、有的植物喜寒，于是在不同的季节有了不同的蔬菜。不同的畜禽也具有不同的个性，有的性温、有的性凉，多样化的食物适合在不同的季节食用。民以食为天，这个天就是指要顺应自然、天人合一，在四季饮食上，与时序节律和生命韵律保持一致。

　　春季养肝脾。春季是阳气升发的季节，在五行中对应木，

190

在人体中对应肝，肝脏具有"生发"的特点，春季以养肝为主，通过养肝生气血，春季不保养会伤肝气，到夏季引起心火不足。肝属木、味为酸，脾属土、味为甘，木克土，肝火太旺会伤脾，所以养肝的同时还要养脾。春季要少吃酸味，多吃甜味，以养脾脏之气。春季气候开始变暖，却又多风干燥，也使人皮肤、口舌干燥。根据这些特点，春季要多吃时令蔬菜和水果。春季蔬菜很多，有黄芽菜、青菜、菠菜、韭菜、生菜、莜麦菜、春笋、芦笋、茼蒿、蒜苗、南瓜等。除此还有许多野菜，如荠菜、马兰头、枸杞头、香椿头，等等。水果在市场上供应充分，多择时鲜蔬果，如草莓、苹果、杧果、菠萝等，多吃水果既能补水，还能补充维生素。

夏季重养心。夏季是一年里阳气最盛的季节，气候炎热而生机旺盛。夏季属火，在人体中对应心，火气通于心、火性为动，夏季的炎热最容易干扰心神，让人心神烦乱。夏季养生重在养心，饮食以清淡为主，多吃清热益气、生津止渴的食物。多吃苦味的食物有助于削减心火，多吃甘味的食物以养脾胃。根据夏季的这些特点，适合食用的时令蔬菜有苦瓜、芦笋、苋菜、芹菜、西葫芦、丝瓜、空心菜、茭白、黄瓜、茄子、西红柿、豇豆、莴笋、冬瓜等。吃苋菜容易引起日光性皮炎，有的人不适合食用。夏季的野菜有马齿苋。夏季水果很多，有枇杷、桃子、李子、杨梅、荔枝、西瓜、甜瓜，等等。防暑还可以多喝绿豆汤。

秋季滋润肺。秋季是人体阳消阴长的过渡时期，在五行中对应金，在人体中对应肺。秋季养生要顺应自然，即保

肺，可起到事半功倍的效果。秋季饮食调养应遵循养阴防燥的原则，饮食宜养阴，滋润多汁。如银耳、燕窝、菠菜、鳖肉、鸭蛋、藕、甘蔗、梨、豆浆、蜂蜜、芝麻、核桃、糯米等，可以起到滋阴润肺养血的作用。渗湿健脾、滋阴润燥的健身汤，对身体有很大的帮助，如百合冬瓜汤、猪皮番茄汤、山楂排骨汤、鲤鱼山楂汤、鲢鱼头汤、鳝鱼汤、赤豆鲫鱼汤、鸭架豆腐汤、枸杞叶豆腐汤、平菇豆腐汤、平菇鸡蛋汤、冬菇紫菜汤等。秋天是需要进补的季节，但很多人都害怕大量进补导致肥胖，可以多吃鱼肉，鱼肉脂肪含量低，其中的脂肪酸被证实有降糖、护心和防癌的作用，如鲫鱼、青鱼、草鱼、带鱼等。养肺宜多吃酸性食物，如苹果、橘子、猕猴桃、白萝卜、白梨等，以收敛肺气；少吃辛辣食物，如葱、姜等，可避免发散泻肺。

冬季藏肾阳。冬季天气寒冷，草木凋零，万物闭藏，在五行中对应水，在身体中对应肾。肾是命门，即生命的根本，也是身体阳气所在，而寒邪最易中伤肾阳，冬季养肾非常关键。冬天养肾不仅能增强人体抵御寒冷的能力，而且还可提高人体免疫力和抗病力，延缓衰老。中医认为，冬季五行为水，五味为咸，五色为黑，五脏为肾。符合以上特征的食物，很多具有补肾的功效，例如黑色食物黑米、黑豆、黑芝麻、黑枸杞、黑枣、黑木耳、黑荞麦等。自身带有淡咸味的食物如海蜇、海带、紫菜、墨鱼、海参等，也具有养肾的功效。莲藕、莲子、荸荠等水中的食物也有补肾的功效。另外，山药、栗子、核桃、枸杞子、芡实等虽然不符合以上特征，但也兼有补肾之功效。冬季也是进补的重要季节，为了能更好地达到预期效果，应根据每个人的体质和食物的属性进补。中医按食物的性味分为平补、温补、清补等几类，进补要根据人的体质和食物的属性进行辨证施补，即使身体虚，也不能盲目乱补，否则不仅无益于身体，反而会带来副作用。比如说，身体非常虚弱的人冬季适合平补，可用如山药、枸杞子等性味平和的食材；而冬季畏寒怕冷的人适合温补，可用如核桃、红枣等温性的食材；肥胖、发热等人群冬季适合清补，可用如萝卜、大白菜等食物。许多蔬菜是喜寒的，如青菜、菠菜、萝卜、大蒜等，冬季南方的绿叶蔬菜是比较充足的，这种当季的蔬菜是最好的食材。荠菜也是喜寒的野菜，在初冬时就粉墨登场了，冬季是吃荠菜的最好时节。

　　一年有四个季节，四个季节又分二十四节气，不仅反映了物候的变化，也反映了生命的节律，即植物生长于不同的季节。人体顺应节气发生变化，联系到饮食上，同样需要顺应这种规律，当季的时鲜果蔬是大自然给人类的恩赐，顺应季节食用就顺应自然规律。而民间的许多谚语就是对饮食规律的最好总结。如"冬吃萝卜夏吃姜"，萝卜是秋播冬收的蔬菜，富含维生素，以及磷、铁、硫等无机盐类，常吃萝卜可促进人体新陈代谢，并具有增进消化淀粉酶的作用，冬季的萝卜，既是当季的蔬菜，也有利于顺气消食。姜喜欢温暖、湿润的气候，在春季播种，霜前收获，是助阳之品，具有加快人体新陈代谢、通经络等作用，夏季吃姜既能去湿，也能防暑。冬天吃羊肉，是因为羊肉的热量很高，冬天吃具有益气补虚、补肾助阳、驱

寒暖身等功效，过了冬天再吃羊肉就容易上火。在民间，关于吃与节气的谚语很多，所表达的大多是食物与养生的关系。顺时饮食，就是对生命韵律的遵循，也是日常最好的养生。

沈荡官酱园

　　海盐国泰食品有限责任公司迄今仍在用古法生产酱油，晒场上排放着500多只大缸，大部分都盖着尖顶帽子。走近了可以闻到浓郁的酱香味，揭开帽子便可目睹黑色的原酱，几排不盖帽子的大缸是今年新下的料，黄豆很新鲜，还未及转色。

　　国泰食品的前身是泰兴酱园，厂里保存的一块"官酱园"牌匾是历史的见证，牌匾中所刻的"泰兴"二字就是指泰兴酱园，于民国二年（1913）由两浙盐运使司（这是专门管理浙江食盐专营的机构）所授。生产酱油要大量用盐，酱园开业，必须先向盐务机关申请，获得"官酱园"烙印硬牌后，才被允许经营，并依此缴税。清光绪十三年（1887），硖石伊桥油车老板孙职卿和杭州盐商周某合资，在沈荡镇中市街开设了"三泰"酱油店，在东市街和西市街分别开设"泰兴"（即现在的厂址）

和"丰泰"两酱园。"泰兴"为总园,主要生产酱油、豆瓣酱、黄酒和各种酱菜,"丰泰"只生产酱油,而"三泰"仅做门市零售。至民国三年(1914),"泰兴"总园由海宁旧仓籍沈乃儒出任经理,生产规模有所扩大。日寇发动侵华战争时,"泰兴"陷入困境。中华人民共和国成立后,国家对"泰兴"进行改制,1958年改名为沈荡酿造厂,1984年改为海盐酒厂,1998年成立了国泰食品。

酱油是最传统的调味品,现代食品工业生产酱油的方法是通过分解蛋白质,再加其他鲜味剂和色素获得;古法生产酱油需要通过日晒夜露,让原料产生美拉德反应,黄豆黑变,蛋白质溶解,生成天然的酱油。日晒夜露的时间最起码要达到半年,国泰食品为了生产更好的酱油,日晒夜露的时间达到500多天。经过长期露晒,豆酱的颜色越来越黑,香味也越来越浓,这样生产的酱油不添加色素,酱色稍淡,所以称作白酱油。

古法生产酱油一般从每年的5月下旬开始。在晚上9时左右将黄豆浸泡,到第二天早上6时捞出沥干水,在蒸球中先蒸40—50分钟,再焖10分钟,降温至75摄氏度时出锅,进一步摊凉至45摄氏度以下,按黄豆与面粉2:1的比例拌匀,面粉中预先混入了米曲霉。这是专门用于酿造酱油的菌种,在20世纪六七十年代,由上海酿造科学研究所选育,巧的是研究的工程师林祖申就是海盐人。之前酿造酱油依靠空气中的微生物,但其中含有许多杂菌,影响酱油质量。拌匀的原料,在上午8时左右倒入曲箱中,盖上箱盖,等待升温,到了下午2时左右,

温度升到33—34摄氏度时打风降温，晚上8时左右第一次翻曲，下半夜2时第二次翻曲，第二天上午第三次翻曲，到上半夜最后一次翻曲，将原料全部翻松，在第三天早上6时左右倒入大缸内，并以1∶1左右的比例加入盐水。一天以后就要开始翻酱，以后在晴天的清晨每隔三四天就要翻一次，天气热时翻酱还要更勤一点，一直持续到10—11月天气变凉，盖上盖子，每过一个月整理一次。在日晒夜露的过程中，发酵持续进行，黄豆的颜色慢慢变深，直至变黑，时间越长，香味越浓，经过500天的发酵，酱料乌黑、酱香四溢，这时一只缸的缸底已沉淀出100斤的酱油，这也是最好的酱油。通过对豆瓣酱的压榨还能再得到100多斤的酱油，这些酱油还要经过一个多月的自然沉淀，再经过杀菌和过滤，最后灌装为商品酱油。

国泰食品除了生产酱油，还生产黄酒。酿酒的时间在冬季，所以称作冬酿。一到冬至，酿酒就开始了，酿黄酒用的原料是粳米，上午10时将米在大缸中浸泡，第二天6时开始蒸米，前后分2次将米蒸到酥而不烂，经过淋水降温后倒入缸内拌入酒曲，压实后在中间挖一个潭，上面还要盖上稻草做的盖子，既保温又通气，到了第二天晚上就有酒出来了，第三天早上，将酒酿翻到新缸中，在第四、第五天分两次加入米饭和麦曲，这是酿黄酒的特色，或许也是"加饭酒"名称的由来。到了第五天下午，再移到小酒坛中，并放在露天继续发酵100天。经过3个多月的发酵，酒酿和酒自然分层，倒出来后通过压榨分离出黄酒，沉淀一周后过滤杀菌，再分装到酒坛，酿好的黄酒既可以食用，也可以储存，经过几年的储存，酒性变得更加醇和，当地人习惯称黄酒为陈酒，这与酿酒的工艺有关。国泰食品近年新推出一款黄酒，经过12年储存，口感清淡醇和，与清酒相似，概因经过长时间的发酵，糖分充分转化为酒精，同时也消除了新酒的火气。

黄酒因酿造工艺不同，有许多不同的名称，有加饭、状元红、女儿红、花雕、碳雕、善酿等，其实正确的分类方式是按含糖量来分，干黄酒含糖小于10克/升，代表是"元红酒"，半干黄酒含糖15.1—40.0克/升，代表是加饭酒、花雕酒，半甜黄酒含糖40.1—100.0克/升，代表是善酿，甜黄酒含糖100.0—200.0克/升，代表是香雪酒。江南人喜欢在冬天喝暖黄酒，有的还要在酒中加生姜或鸡蛋，认为这样吃更有营养。黄酒也是重要的调料，在烹饪海鲜、河鲜时都要放黄酒，如果是做东坡肉，只放黄酒不放水，烧出来的味道香糯不腻，吊足人的胃口。沈荡黄酒除了用于饮用，本地人很喜欢用它做调料，虽然超市中料酒的品种很多，经过比较后还是认为沈荡黄酒烧出来的菜味道最好。

国泰食品还有一块牌匾，上刻"官酱槽坊"四个字，说的就是制酱酿酒的意思，这块木牌曾经作为食堂的登板使用，虽然受到损伤，却能够保留至今，经历了时间，见证了历史。而手工制酱、酿酒同样需要时间的发酵，在微生物的参与下发生美拉德反应，从而获得琼浆玉液。时间产生奇迹，舌尖验证美味。

谈美食

美食是用来品尝的，也是可以谈论的。

酒席上的人，常常一边品尝着菜肴，一边品评菜的味道，遇到美味的菜，瞬间瓜分一空，谈论中不忘用自己的经验论证。美食是一个好话题，天马行空，不着边际，天南海北，不谈感情，吃进去的是菜肴，吐出来的是话语。

食材分高低贵贱，从飞禽走兽、山珍海味，到节令时鲜、青菜萝卜，用不同的食材，可以烹饪出不同的菜肴。美食却不分贵贱，只要有人喜欢，舌尖认可，皆可以得到赞美。民以食为天，吃首先是求温饱，吃的过程中却发现味道的差异，于是便有了美食的经验和记忆，进而对美食有了发言权。

每个人生活的地域不同，所处的位置也不一样，对美食也就有了不同的观点。饭店的老板是美食的经营者，关心的是食客对菜肴的满意度，目标是用美味招揽顾客。我特地与一些餐馆的经营者做了交流，其中天水雅居的老板张逢英与我同龄，涉足餐饮业已有二十多年，她自己经营饭店也有十三年，一直保持原有的经营规模不变，但在菜肴上肯下功夫，用美味吸引顾客，生意长盛不衰。她的经营理念是"土菜精做"，选择本土当季的食材，在搭配和烹饪上不断探索，既保持食材的原有特性，又呈现出最美的味道。比如一道黄鳝地蒲汤，在食材选择上，用三两左右的野生黄鳝和新鲜的地蒲，烹饪时遵从传统的习惯，黄鳝煮到脱骨，地蒲刚好烧酥，严格把控烧煮的时间，不需要加鲜味剂就能得到鲜美的味道，黄鳝酥软，地蒲滑爽，让人胃口大开。平时还喜欢到乡村小饭店寻访美食，有的小饭店地处偏僻，设施简陋，丈夫烧菜，妻子点菜，食客自己端菜，但时常顾客满座，有的甚至远道而来，其中的秘密就是价廉味美。相反，有一些饭店档次很高，吹嘘得也很好，开着开着食客越来越少，一个重要的原因就是食不对口，推广的菜与食客的需求不匹配，有的价格太高，有的不符合当地的饮食习惯，最后只能关门大吉。

食客最在乎舌尖的感受，同样的食材，做成菜的味道却有差别，这不仅是烹饪方法的问题，也与对食材的了解相关。比如炒青菜，饭店所做的往往是好看而不好吃，家庭所做的多是好吃却无好的卖相，相比较还是后者好。霜打后的青菜积累了一定的糖分。煸炒和烧煮的时间长一点，能够使青菜发出自然的香味，吃起来酥软微甜。把青菜炒得既要好看又好吃，就得尊重它的特性。在乡野中寻找食材，在土菜中寻找灵感，精心

地烹饪一道菜肴，这是厨师的用心，也给食客带来口福。

厨师是美食的加工者，把菜做得味美，关键在于厨艺。张逢英请的是一位做粤菜的厨师，但店里又不做粤菜，这让人感到有点奇怪。仔细一想似乎也有道理，浙菜的风格以清雅见长，与粤菜有相近之处，只是所用的食材差别较大，当地的食材在烹饪过程中融合了粤菜的风格，让人耳目一新。粤菜厨师擅长煲汤和煸香，对传统的浙菜做出了改革，实现了两种风格的融合。不同的厨师往往有不同的风格，有的入乡随俗，满足了大众的口味，有的坚守自己的圭臬，让食客来适应不同的口味。优秀的厨师，既要掌握所学的看家本领，又要不拘泥于一隅，遵从食材的特点和一个地方的饮食习惯，把普通的食物化作珍馐，让食客对吃过的美食记忆犹新。

顾客是美食的裁判，用舌尖鉴定，用脚选择。能够吸引和留住食客的，不管是街边小摊，还是酒店饭庄，一定是抓住了食客的舌尖。所谓百年老店，传承的是经典美味和经营口碑，一家饭店能十几年经营不倒，一定是做出了吸引食客的经典美食。长久的记忆，熟悉的味道，隔三岔五享用一番，成为人们生活的一部分。无法抓住食客的舌尖，即便装潢考究、食材高级，都只能昙花一现。花哨迷不住眼睛，吹嘘瞒不住耳朵，食客的脚走向哪家饭店，都是听从舌尖的指挥。

后 记

　　在人际交往时，吃是少不了的话题，从日常饮食到美食记忆，从山珍海味到街边小吃，都是可谈论的话题。亲朋之间往来，更少不了聚餐，或者在家中烧一桌菜，或者去一家饭店美餐一顿，吃饱喝足，还忘不了感谢东家的盛情款待或对厨师厨艺的表扬。

　　谈论吃，自然会评价餐桌上的美味，从食材选择，到烹饪技艺，再到舌尖上的味道，谈的是食、味，品的是人生百味。某个农家乐的一道美味菜肴，哪个地方的野生食材，说者随意，听者有心，休闲时约几个朋友找一家土菜馆品味一番，或者去乡间买一些放养的鸡鸭和一些野生的鱼虾，找一个地方亲手烧几个菜，一边喝着小酒，一边谈论美食，这是江南小镇的生活情调，悠闲淡定，从容不迫。

有了生活的情调，自然多了想法，身边的朋友鼓励我把当地的饮食文化记录下来。这既是对地方文化习俗的记录，也可以为喜欢做菜的人提供参考，于是我便对平时的吃多了一份心思。探究不同菜肴的特点和烹饪方式，与朋友交流美食的体验，与厨师交流烧菜的技巧，甚至专门到乡村寻找食材，在不断的总结和积累中书写自己的体会和看法，积少成多，终于写成了《江南寻味记》。而书名的由来还要感谢著名诗人灯灯，在与她说起为新书取名时，她提出了一个好的建议："一是考虑食之本身，味也。二是民以食为天，人间况味也在其中，既是寻食之本身之味，寻人间况味种种，更是在二者中，寻时光之味、自身之味、生命之味、天地之间芸芸众生之味。"考虑到所写的是江南之味，便有了本书之名。

本书得到中共海盐县委宣传部和武原街道的大力支持，有幸列入海盐县文化精品扶持工程。海盐县文联主席林周良先生十分关心本书的写作进程，并帮助序。浙江省书法家协会会员李建军先生帮助绘制插画，让最开始简单的话题变成了现在活泼的页面。在此一并表示感谢。

宋乐明

2022年7月25日